Basis of Understanding Strength of Materials Second edition

わかりやすい
材料力学の基礎

第2版

中田政之
田中基嗣
吉田啓史郎
木田外明　著

共立出版

第 2 版に当たって

　2003 年に発刊した初版も増刷を重ねてきた．その間，本書を教科書として使用された先生方から貴重なご意見をいただいてきた．今回はそれらをもとに，また新しく教科書作りに参加いただいた若い先生方とともに内容の検討や追加を行うこととした．
　これにより，さらにわかりやすい材料力学の教科書になったのではないかと考えている．

　2013 年 10 月

執筆者を代表して　木田　外明

まえがき

　機械を設計するとき，計画どおりの機能をもち，使用期間中もその機能を維持でき，かつ安全で経済的にも十分満足できる機械を創るためには，各部材の材料の選択や寸法形状の決定などが十分考慮されていなければならない．それゆえ，必要な機能をもつ機械を創造するためには，各部材の強度計算は必要欠くべからざるものとなる．

　これが，材料力学が機械工学の重要な必須の基礎科目たる理由である．

　本書は，機械設計するとき，最小限この程度は学んで欲しい材料力学の基礎的事項を取り上げ，それについて丁寧に説明し，関連する説明の例題を多数取り入れて，初めて材料力学を学ぶ学生にも取り組みやすいように書いたものである．さらに，数式に具体的な数値を入れることによって，実際の場合の妥当な結果を得ることでなるほどと実感できるようにも工夫した．本書の例題と問題をマスターすれば，実際の機械設計の問題にも対応できるようになるものと期待している．

　なお，本書の執筆に当たり，既刊の材料力学の書物を多数参考にした．ここに，これらの書物の著者に厚く謝意を表する次第である．

　2003 年 7 月

執筆者を代表して　木田　外明

目　　次

1章　材料力学の基礎

1.1 材料力学の基礎 ··· 1
 1.1.1 材料力学とは ··· 1
 1.1.2 解析の手法 ·· 2
 1.1.3 静力学的釣合い条件 ··· 2
 1.1.4 内力の解析 ·· 2
 1.1.5 単位系 ·· 3
1.2 応力とひずみ ·· 4
 1.2.1 応　力 ·· 4
 1.2.2 ひずみ ·· 7
1.3 フックの法則 ·· 9
1.4 材料の機械的性質 ··· 11
 1.4.1 応力-ひずみ線図 ·· 11
 1.4.2 軟鋼の応力-ひずみ線図 ·· 12
1.5 許容応力と安全率 ··· 14
 演習問題 ·· 15

2章　引張・圧縮

2.1 引張・圧縮問題 ·· 19
 2.1.1 断面積が変化する棒の応力とひずみ ··· 19
 2.1.2 骨組構造 ··· 20
 2.1.3 棒の自重によって生ずる応力とひずみ ··· 21
2.2 不静定問題 ·· 26
 2.2.1 不静定骨組構造 ·· 26
 2.2.2 軸力を受ける両端固定棒 ··· 28
 2.2.3 圧縮不静定問題 ·· 31
2.3 初期応力問題 ··· 32
2.4 熱応力問題 ·· 33
2.5 応力集中 ·· 36
2.6 内圧を受ける薄肉円筒 ·· 37

演習問題 ……………………………………………………………………………… *39*

3章　は　り

3.1　はりとその支持条件 ………………………………………………………………… *45*
　　　3.1.1　はりの種類 …………………………………………………………………… *45*
　　　3.1.2　はりの支持条件 ……………………………………………………………… *45*
3.2　はりのせん断力と曲げモーメント ………………………………………………… *48*
　　　3.2.1　せん断力と曲げモーメント ………………………………………………… *48*
　　　3.2.2　せん断力図と曲げモーメント図 …………………………………………… *49*
　　　3.2.3　せん断力と曲げモーメントの関係 ………………………………………… *58*
3.3　はりの応力 …………………………………………………………………………… *58*
3.4　はりのたわみ ………………………………………………………………………… *65*
　　　3.4.1　たわみの基礎式 ……………………………………………………………… *65*
3.5　不静定はり …………………………………………………………………………… *73*
　　　演習問題 ……………………………………………………………………………… *75*

4章　ね じ り

4.1　円形断面軸のねじり ………………………………………………………………… *81*
　　　4.1.1　中実丸軸のねじり …………………………………………………………… *81*
　　　4.1.2　断面二次極モーメント ……………………………………………………… *84*
　　　4.1.3　中空丸軸のねじり …………………………………………………………… *87*
4.2　伝動軸 ………………………………………………………………………………… *89*
4.3　円形でない断面をもつ軸のねじり ………………………………………………… *91*
　　　4.3.1　楕円形断面軸のねじり ……………………………………………………… *91*
　　　4.3.2　長方形断面軸のねじり ……………………………………………………… *91*
　　　演習問題 ……………………………………………………………………………… *94*

5章　組合せ応力

5.1　単軸引張を受ける棒の斜断面における応力 ……………………………………… *97*
5.2　組合せ応力問題 ……………………………………………………………………… *98*
　　　5.2.1　垂直応力とせん断応力 ……………………………………………………… *99*
　　　5.2.2　主応力と主せん断応力 ……………………………………………………… *100*
　　　5.2.3　モールの応力円 ……………………………………………………………… *101*
5.3　応力とひずみの関係 ………………………………………………………………… *105*
　　　5.3.1　3軸応力下での応力-ひずみ関係 …………………………………………… *105*
　　　5.3.2　平面応力と平面ひずみ ……………………………………………………… *106*

5.3.3　弾性係数間の関係 ……………………………………………………………… *107*
5.4　ねじりと曲げと軸力の組合せ ……………………………………………………… *110*
　演習問題 …………………………………………………………………………………… *113*

6章　座　　屈

6.1　短　　柱 ………………………………………………………………………………… *115*
　　　6.1.1　偏心圧縮荷重を受ける短柱 …………………………………………………… *115*
　　　6.1.2　断面の核 ………………………………………………………………………… *118*
6.2　長柱の座屈 ……………………………………………………………………………… *119*
　　　6.2.1　一端固定他端自由の長柱 ……………………………………………………… *120*
　　　6.2.2　両端回転自由（ピン支持）の長柱 …………………………………………… *121*
　　　6.2.3　両端固定の長柱 ………………………………………………………………… *123*
　　　6.2.4　一端固定，他端回転自由の長柱 ……………………………………………… *123*
　　　6.2.5　許容座屈荷重 …………………………………………………………………… *124*
　　　6.2.6　オイラーの式の適用限界 ……………………………………………………… *125*
　演習問題 …………………………………………………………………………………… *126*

付表1　SI（国際単位系）の接頭語 ……………………………………………………… *131*
付表2　ギリシャ文字の呼称 ……………………………………………………………… *131*
付表3　断面特性 …………………………………………………………………………… *132*

演習問題解答 ………………………………………………………………………………… *133*
参考文献 ……………………………………………………………………………………… *138*
索　引 ………………………………………………………………………………………… *139*

1 材料力学の基礎

> 物体に外力が作用すると内部に応力が発生するとともにそれは変形する．ある大きさの外力を受けるとき，小さい物体で受けると破壊しやすいし，逆に，大きな物体で受ければ破壊することはない．この尺度が応力やひずみと呼ばれる量である．
>
> 本章では，垂直応力，せん断応力，垂直ひずみおよびせん断ひずみについて学ぶ．さらに，種々の材料の機械的性質や設計の際に必要となる安全率について学ぶことにする．

1.1　材料力学の基礎

1.1.1　材料力学とは

材料力学（strength of materials あるいは mechanics of materials）とは，任意の荷重条件下にある機器や構造物の各部に作用している力や変形状態を明らかにし，それらの結果を機器や構造物の安全設計に役立てるための基礎的学問である．

材料力学では，材料の適正使用と構造物や機械の最適設計手法の探求という目的に添うことであれば多少の省略や簡易化を行ったり，厳密には立証しにくい仮定を設けたりすることもしばしばある．基本的な仮定には次のようなものがある．

（1）　等方性・均質性・連続性の仮定

等方性（isotropic）とは，材料中のある点における性質が方向によって変わらないことをいう．**均質性**（homogenious）とは，材料の性質がその位置によらずどこでも同じであることをいう．**連続性**（continuous）とは，材料の内部に空洞，き裂，欠陥および異物質がないことをいう．

実際の構造材料では，厳密には必ずしも等方性・均質性・連続性ではない．結晶構造を有する金属材料では結晶径（1/10～1/100 mm 程度）より小さい尺度でこれを取り扱うとすれば，もはやこの仮定は成立しない．しかし，材料力学では一般的に巨視的な取扱いをするので，多くの工業材料では等方性・均質性・連続性とみなすことができる．

一方向に強化繊維を配した**繊維強化プラスチック材**（fiber reinforced plastics, FRP）のようなものは，ほぼ均質とはいえるが等方性ではない．FRP 材を繊維方向に引張った場合と，それと直角方向に引張った場合と

では，明らかに材料の変形応答が異なることは容易に理解できるであろう．木材も，木目の方向とそれに垂直な方向とでは性質が異なる．等方性でないことを**異方性**（anisotropic）という．

(2) 微小変形の仮定

外力によって生ずる変形の大きさは，物体自体の寸法に比べてきわめて小さいと仮定する．説明図などでは変形を誇張して描くことが多いが，外力のかかり方などは変形前と変わらないものと仮定する．これは弾性変形を取り扱うことを意味している．

1.1.2 解析の手法

機械要素内部の応力の解析は，力の法則または材料の変形の法則と幾何学的形状を関係づける条件を考えて行われる．これらの基本的関係は解析の基本原理であり，次のようである．

① 釣合い：力の釣合い条件が満足されなければならない．
② 力と変形：応力-ひずみまたは外力-変形の関係（たとえばフックの法則）が機械要素の挙動に適用できる．
③ 幾何学的形状：変形した部分は隣接している部分とつながっていなければならない．

これらの原理を適用して得られる応力やひずみの分布は境界において与えられた荷重や変位と適合しなければならない．これは**境界条件**（boundary condition）と呼ばれる．

1.1.3 静力学的釣合い条件

系に加わる力の合力がゼロのとき，「物体は力の釣合い状態にある」という．

力を受けて静止している物体を考える．静力学的に釣合うためには次の条件を満足していなければならない．

$$\Sigma F_x = 0, \quad \Sigma F_y = 0, \quad \Sigma M_i = 0 \quad (1.1)$$

ここで，F_x，F_y は力の x 方向，y 方向成分を表す．また，M_i は軸まわりのモーメントを表す．

1.1.4 内力の解析

外力を加えると物体の応答として，物体内には内力を生じ，物体は変形する．内力を考えるので物体をある面で仮想的に切断してみる．この切断法は次の3つの段階からなる．

① 内力の知りたい場所を切断する．2つに分けられた物体に作用する外力をすべて描く．この描いた図を**自由体図**（free body diagram）

という.

② 切断面に作用している未知内力の決定に,静力学的釣合い条件(すなわち,式(1.1))を用いる.

③ ①,②で,図1.1(b)に示すように物体を仮想的に切断する.物体が釣合い状態にあれば2つの切断面には大きさが等しく,方向が正反対な内力が存在することになる.

上記のことから,どちらの部分も外力と内力とで釣合っていることがわかる.内力の方向は,仮想の切断面の取り方によって変化する.

1.1.5 単位系

1960年の第11回国際度量衡総会で国際単位系(SI単位)が採択されて

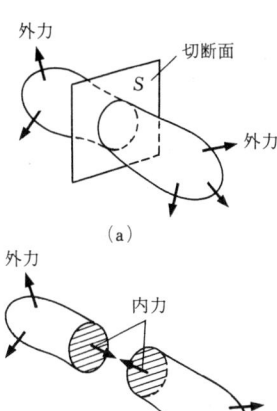

図1.1 外力を受ける物体の切断面での内力

表1.1 SI単位と工学単位の換算表

量	SI単位		工学単位
質量	kg		kgf·s²/m
	9.81		1
	1		0.102
力	N		kgf
	9.81		1
	1		0.102
力のモーメント	N·m		kgf·m
	9.81		1
	1		0.102
圧力	Pa		kgf/cm²
	9.81×10⁴		1
	1		0.102×10⁻⁴
応力	Pa (N/m²)	MPa	kgf/mm²
	9.81×10⁶	9.81	1
	1	1×10⁻⁶	0.102×10⁻⁶
	1×10⁶	1	0.102
エネルギ,仕事	N·m		kgf·m
	9.81		1
	1		0.102
	J (N·m)		kW·h
	3.6×10⁶		1
	1		2.78×10⁻⁷
仕事率,動力	W (N·m/s)		kgf·m/s
	9.81		1
	1		0.102
	W (N·m/s)		PS
	7.36×10²		1
	1		1.36×10⁻³

以来，わが国の学術および産業の諸分野ではこの単位系を用いることが主流となっている．それゆえ，本書においてはSI単位を用いることにする．ただこの分野でこれまで長い間利用されてきた工学単位と SI単位との関係，つまりこれら両者の単位換算の能力を養うことも大切である．それゆえ，表1.1にSI単位と工学単位との換算係数を示す．

例題 1.1 次の諸値について，SI単位のものは工学単位へ，工学単位のものはSI単位へ変換せよ．

① 100 N ② 50 kgf/mm² ③ 200 MPa ④ 32 kgf・m/s ⑤ 60 J

(解)
① $100\,\text{N} = 100 \times 1.02 \times 10^{-1}\,\text{kgf} = 10.2\,\text{kgf}$
② $50\,\text{kgf/mm}^2 = 50 \times 9.8 \times 10^6\,\text{Pa} = 4.90 \times 10^8\,\text{Pa} = 490\,\text{MPa}$
③ $200\,\text{MPa} = 200 \times 10^6 \times 1.02 \times 10^{-7}\,\text{kgf/mm}^2 = 20.4\,\text{kgf/mm}^2$
④ $32\,\text{kgf}\cdot\text{m/s} = 32 \times 9.8\,\text{W} = 314\,\text{W}$
⑤ $60\,\text{J} = 60 \times 1.02 \times 10^{-1}\,\text{kgf}\cdot\text{m} = 6.12\,\text{kgf}\cdot\text{m}$

1.2　応力とひずみ

1.2.1 応　　力

図1.2(a)に示すように荷重Pを受けている棒がある．これに作用している外力としては，図1.2(b)（このような図を**自由体図**：free body diagram）のように負荷重Pと，これに釣合う天井からの力P（このような力を**反力**と呼ぶ）を考えることができる．さてこの棒がどれほどの外力に耐えるものであるかを調べるために，棒の任意の位置での内力の大きさを求めてみよう．それには図1.2(c)のように，ある断面$X\text{-}X$で棒を切断してみる．たとえば，この切断された下方の部分に注目すると，その上面には下面の外力Pと釣合う内力Pが作用しているはずである．つまりこれが内力であるが，切断位置がどう変化してもこれは常に外力と等しいので，これより棒の危険断面位置を推定することはできない．そこでこのような強度評価の指標として，単位面積当たりの内力を考える．$X\text{-}X$断面で生じている単位面積当たりの内力は次式で与えられる．

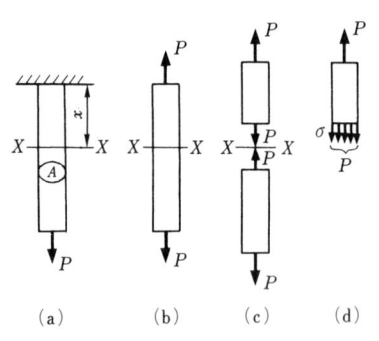

図1.2 天井からぶら下がった棒の任意断面での応力

$$\sigma = \frac{P}{A} \tag{1.2}$$

ここでAは棒の断面$X\text{-}X$の面積である．そしてこのσを図示すれば図1.2(d)となる．このように一様分布した単位面積当たりの力σの合力が結局外力Pと釣合っていると考えることができる．このσのことを**応力**(stress)といい，その単位はPa (N/m²)が用いられる．またσは式(1.2)より，Pが一定でもAが減少すれば増大すること，逆にAが一定でもP

が増加すれば増大することがわかる．したがってこの σ が棒材料固有の限界値に達したとき，その位置で棒が破壊するであろうと考えるならば，この棒に作用させるべき荷重の範囲，あるいは必要最小限の横断面積も決まることになる．

図 1.2 の棒では，応力は各断面に垂直に作用し，その方向は面の外向きに棒を引張っている．このような応力を**引張応力**（tensile stress）という．一方，図 1.2 (a) での外力が圧縮荷重ならば，任意の断面での応力も図 1.2 (d) と逆方向となり面を圧縮するものとなる．このような応力を**圧縮応力**（compressive stress）と呼ぶ．以上の引張応力，圧縮応力をまとめて**垂直応力**（normal stress）と呼ぶ．なお引張応力には正の符号を，圧縮応力には負の符号を付して区別することにする．

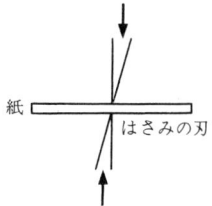

図 1.3 ハサミの刃と紙

次に引張応力，圧縮応力のほかにせん断応力がある．紙をハサミで切るときに紙に発生する応力が**せん断応力**（shearing stress）である．図 1.3 に示すように，せん断応力は紙の切断面に平行な応力である．

図 1.4 に示すように，2 枚の板をリベットで留めて，2 枚の板を力 P で引張ったとする．このとき，リベットの受けるせん断力は P であるが，せん断応力はリベットの断面積を A とし，かつ断面に一様分布すると仮定すると，次式となる．

$$\tau = \frac{P}{A} \tag{1.3}$$

この τ をせん断応力と呼ぶ．

さて，このようなせん断応力が作用している面があるとき，図 1.4 (d) に示すようにその面を含む形で微小な直方体 ABCD を取り出してみると，その応力状態は図 (e) のように示すことができる．つまり，この直方体は AB，CD に作用するせん断応力 τ のみでは静的釣合いを保つことはできず，これらと直交する面 AD，BC にせん断応力 τ' を発生することにより，釣合いを保っている．したがって，この直方体の厚さを t とするとき，τ，τ' が作るモーメントの釣合いより次式が成立する．

$$\tau \cdot (AB \cdot t) \cdot BC = \tau' \cdot (BC \cdot t) \cdot AB$$
$$\therefore \quad \tau = \tau' \tag{1.4}$$

つまりある面にせん断応力が生じていれば，必ずこれと直角な面にも大きさが等しいせん断応力が生じている．このような対をなすせん断応力を互いに他の**共役せん断応力**（complementary shearing stress）という．

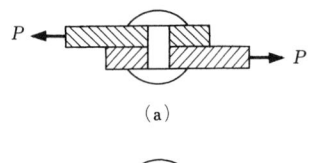
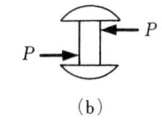
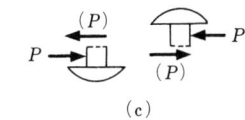
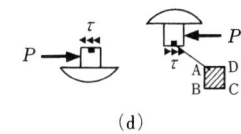
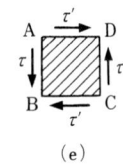

図 1.4 リベットの断面でのせん断応力

例題 1.2 図1.2で$P=1\,\mathrm{kN}$のとき,丸棒の直径が

① $d=20\,\mathrm{cm}$ ② $d=2\,\mathrm{cm}$ ③ $d=2\,\mathrm{mm}$

の3種類のときの引張応力を求めよ.

(解) 式(1.2)より

① $\sigma = \dfrac{P}{A} = \dfrac{P}{\dfrac{\pi}{4}d^2} = \dfrac{1\times 10^3}{\dfrac{\pi}{4}(0.2)^2} = 0.0318\,\mathrm{MPa}$

② $\sigma = \dfrac{P}{A} = \dfrac{P}{\dfrac{\pi}{4}d^2} = \dfrac{1\times 10^3}{\dfrac{\pi}{4}(0.02)^2} = 3.18\,\mathrm{MPa}$

③ $\sigma = \dfrac{P}{A} = \dfrac{P}{\dfrac{\pi}{4}d^2} = \dfrac{1\times 10^3}{\dfrac{\pi}{4}(0.002)^2} = 318\,\mathrm{MPa}$

例題 1.3 図1.4で,リベットの断面積Aが$10^{-4}\,\mathrm{m}^2$で,せん断力Pが$2\,\mathrm{kN}$のとき,リベットに生じているせん断応力を求めよ.

(解) 式(1.3)より

$$\tau = \dfrac{P}{A} = \dfrac{2\times 10^3}{10^{-4}} = 20\,\mathrm{MPa}$$

例題 1.4 図1.5に示すように,長さ$2\,\mathrm{m}$の丸棒が直径$20\,\mathrm{mm}$と$8\,\mathrm{mm}$の等長な2部分からなっている.もしこの丸棒を$10\,\mathrm{kN}$で引張ったとき,2部分に生ずる引張応力はいくらか.

(解) 直径の大きい方を添字1,小さい方を添字2として

$$A_1 = \dfrac{\pi}{4}d_1^2 = \dfrac{\pi}{4}(0.02)^2 = 314\times 10^{-6}\,\mathrm{m}^2$$

$$A_2 = \dfrac{\pi}{4}d_2^2 = \dfrac{\pi}{4}(0.008)^2 = 50\times 10^{-6}\,\mathrm{m}^2$$

$$\therefore\ \sigma_1 = \dfrac{P}{A_1} = \dfrac{10\times 10^3}{314\times 10^{-6}} = 31.8\,\mathrm{MPa}$$

$$\sigma_2 = \dfrac{P}{A_2} = \dfrac{10\times 10^3}{50\times 10^{-6}} = 200\,\mathrm{MPa}$$

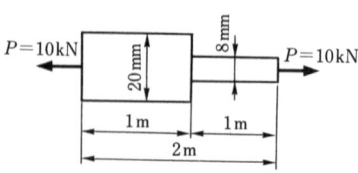

図 1.5 等長の段付き棒

1.2.2 ひずみ

図 1.6 に示すように，直径 d の一様な断面を有する長さ l の丸棒が軸荷重 P を受ければ，軸方向に δ 伸び，これと直角な横方向には δ' だけ縮むことになる．この δ, δ' を**変位量**（displacement value）と呼ぶ．また単位長さ当たりの変位量を**ひずみ**（strain）と定義し，これによって物体の任意の場所における変形の度合いを知ることができる．図 1.6 の丸棒では，全域が一様に変形しているので，その**縦ひずみ**（longitudinal strain）は次式で与えられる．

$$\varepsilon = \frac{\delta}{l} \qquad (1.5)$$

このようにひずみは一般に無次元量である．また，式 (1.5) は棒が伸ばされて生じたものであるから**引張ひずみ**（tensile strain）とも呼ばれる．一方，図 1.6 (a) の棒の横方向ひずみ，すなわち**横ひずみ**（transverse strain）は次のように示される．

$$\varepsilon' = \frac{-\delta'}{d} = -\frac{\delta'}{d} \qquad (1.6)$$

これは縮み δ' によって生じたひずみであるので，**圧縮ひずみ**（compressive strain）でもある．なお，上述の縦ひずみ ε と横ひずみ ε' との比は材料の種類ごとに一定の値をもち，**ポアソン比**（poisson's ratio）ν と呼ばれ，次式で示される．

$$\nu = \frac{|\varepsilon'|}{\varepsilon} \qquad (1.7)$$

ポアソン比 ν は 0〜0.5 の範囲にあり，特殊な材料を除きほとんどの材料で 0.3 付近の値をとる．

また図 1.6 (b) のように棒が圧縮荷重 P を受けて変形しているときは，先の式 (1.5) の ε は圧縮ひずみとなり，式 (1.6) の ε' は引張ひずみとなる．そして引張ひずみと圧縮ひずみを合わせて**垂直ひずみ**（normal strain）という．

次に，図 1.4 (e) で示したせん断応力を受ける直方体の変形状態を考えよう．図 1.7 はこれを示したものである．図示のようにせん断応力によって辺 CD は C'D' までその長さを変えずに，しかも辺 AB 間との距離を一定にしてすべるように移動する．このような形状のゆがみ量を示すものが**せん断ひずみ**（shearing strain）で，それは次のように定義される．

$$\gamma = \frac{\delta}{l} \qquad (1.8)$$

一方，δ が l に比較して小さいとき，上式は次のようにも示すことができる．

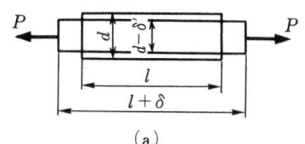

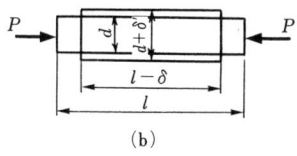

図 1.6 引張および圧縮荷重を受ける一様断面棒

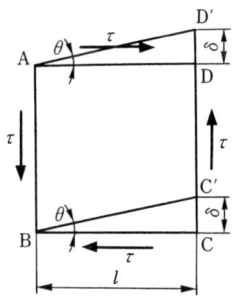

図 1.7 せん断応力を受ける直方体の変形状態

$$\gamma = \tan\theta \fallingdotseq \theta \tag{1.9}$$

さらに，図 1.8 に示すように物体に縦ひずみが生ずるとき，体積が変化するがその変化量 ΔV をもとの体積 V で除した，単位体積当たりの体積変化量

$$\varepsilon_V = \frac{\Delta V}{V} \tag{1.10}$$

を**体積ひずみ**（volumetric strain）という．互いに垂直な方向に ε_1，ε_2，ε_3 の縦ひずみが生じたとする．各方向と稜の方向が一致する直方体を考え，各稜の長さを l_1，l_2，l_3 とすると，体積ひずみは縦ひずみが微小であるとして

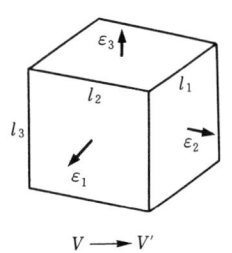

図 1.8 3 方向に縦ひずみを受ける直方体

$$\varepsilon_V = \frac{\Delta V}{V} = \frac{l_1(1+\varepsilon_1)l_2(1+\varepsilon_2)l_3(1+\varepsilon_3) - l_1 l_2 l_3}{l_1 l_2 l_3}$$
$$= (1+\varepsilon_1)(1+\varepsilon_2)(1+\varepsilon_3) - 1$$
$$\fallingdotseq \varepsilon_1 + \varepsilon_2 + \varepsilon_3 \tag{1.11}$$

例題 1.5 長さ 5 m の丸棒を引張ったとき，伸びが次の値であるとき，縦ひずみを求めよ．

① 3 mm ② 0.5 mm ③ 1 cm

（解）式（1.5）より

① $\varepsilon = \dfrac{\delta}{l} = \dfrac{3 \times 10^{-3}}{5} = 0.6 \times 10^{-3}$

② $\varepsilon = \dfrac{\delta}{l} = \dfrac{0.5 \times 10^{-3}}{5} = 0.1 \times 10^{-3}$

③ $\varepsilon = \dfrac{\delta}{l} = \dfrac{10 \times 10^{-3}}{5} = 2.0 \times 10^{-3}$

例題 1.6 直径 d が 2 cm，長さ 2 m の丸棒を 1 kN の力で引張ったとき，0.4 mm 伸び，直径が 0.001 mm 縮んだ．このとき，次の①～④を求めよ．

① 引張応力 ② 縦ひずみ ③ 横ひずみ ④ ポアソン比

（解）

① $\sigma = \dfrac{P}{A} = \dfrac{1 \times 10^3}{\dfrac{\pi}{4}(2 \times 10^{-2})^2} = 3.18 \text{ MPa}$

② $\varepsilon = \dfrac{\delta}{l} = \dfrac{0.4 \times 10^{-3}}{2} = 2 \times 10^{-4}$

③ $\varepsilon' = -\dfrac{\delta'}{d} = -\dfrac{0.001 \times 10^{-1}}{2} = -0.5 \times 10^{-4}$

④ $\nu = \dfrac{|\varepsilon'|}{\varepsilon} = \dfrac{0.5 \times 10^{-4}}{2 \times 10^{-4}} = 0.25$

例題 1.7 長方形板 ABCD にせん断応力が作用して，図1.9のように平行四辺形 A′B′C′D′ になった．角度変化∠BAD−∠B′A′D′=0.005°のとき，せん断ひずみ γ を求めよ．

（解） 式 (1.9) より，せん断ひずみ γ は直角からの減少角度変化であるから
$$\gamma = 0.005°$$
これを，ラジアンで表すと
$$\gamma = 0.005 \times \frac{\pi}{180} = 8.73 \times 10^{-5}$$

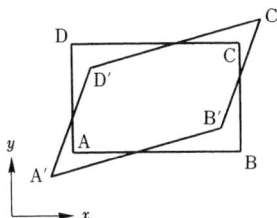

図 1.9 せん断応力を受け，変形した長方形板

1.3 フックの法則

物体に荷重を加えると変形する．この変形量が荷重を除くことによって完全になくなる性質を**弾性**（elasticity）という．そしてこのような性質を示す限界の応力を，その物体の**弾性限度**（elastic limit）と呼ぶ．弾性限度を超えて荷重を負荷すれば，その荷重を除いても変形は残留する．この性質は**塑性**（plasticity）と呼ばれている．すべての材料について以上のような弾性および塑性の性質がみられる．

一方，物体に加えた応力とそれに対応して生ずるひずみとの間には，弾性限度内のある範囲において正比例的関係のあることが実験的にわかっている．この現象は**フックの法則**（Hook's law）として知られており，それが成立する限界の応力を**比例限度**（proportional limit）という．またこの法則を垂直応力 σ と垂直ひずみ ε を用いて式で示すと次のようになる．

$$\sigma = E\varepsilon \tag{1.12}$$

ここで比例定数としての E は**縦弾性係数**（modulus of longitudinal elasticity）または**ヤング率**（Young's modulus）と呼ばれ，材料固有の値である．式 (1.12) で示された関係を，長さ l で一様断面積 A を有する棒が荷重 P を受け δ 伸びる場合に適用すると，フックの法則は次式となる．

$$\frac{P}{A} = E\frac{\delta}{l}$$

$$\therefore \quad \delta = \frac{Pl}{AE} \tag{1.13}$$

つまり棒の変形は P, l に比例し，A, E に反比例することがわかる．

フックの法則はせん断応力 τ とせん断ひずみ γ についても同様に成立する．これを式で示すと次のようになる．

$$\tau = G\gamma \tag{1.14}$$

ここで比例定数 G は**横弾性係数**（modulus of transverse elasticity）あるいは**せん断弾性係数**（modulus of shearing elasticity）と呼ばれ，先の E と同様材料固有の値である．また E および G は式 (1.12)，(1.14) からも理解できるように応力と同一の次元をもっている．なお表 1.2 には代表的な金属材料の E および G，またポアソン比 ν の値を示す．

表 1.2 工業材料の機械的性質

材料	縦弾性係数 E GPa	横弾性係数 G GPa	ポアソン比 ν	降伏点（耐力）σ_S MPa	引張強さ σ_B MPa
軟鋼 (0.1〜0.3%C)	206	80	0.3	245	392
硬鋼 (0.4〜0.6%C)	206	80	0.3	372	490
Ni-Cr 鋼（熱処理）	206	80	0.3	686	882
鋳鋼	206	80	0.3	343	588
鋳鉄	98	34	0.3	157	196
銅 軟質	126	46	0.33	88	225
銅 硬質				294	314
アルミニウム 軟質	69	27	0.33	29	69
アルミニウム 硬質				127	137
ジュラルミン	69	27	0.33	245	294
鉛	17	7.6	0.45		20
硝子	69		0.22		39
合成樹脂	4		0.3		69

次に，部材が一様な圧力 p（N/m²）（たとえば，水中の部材が受ける水圧）を受け，体積ひずみ ε_V が生じた場合のフックの法則は次式で示される．

$$p = K\varepsilon_V \tag{1.15}$$

ここで，K は E および G と同様に，使用する材料によって定まった値をもち，**体積弾性率**（bulk modulus）と呼ばれる．なお，上述の3つの弾性定数の間には次の関係が成立する．

$$G = \frac{E}{2(1+\nu)}, \quad K = \frac{E}{3(1-2\nu)} \tag{1.16}$$

式 (1.16) は 5 章で導出する．

例題 1.8 正方形断面（2 cm×2 cm）で長さ 2 m の棒がある．この棒にかかる外力が 10 kN の圧縮力のとき，棒に生ずる圧縮応力，圧縮ひずみおよび縮み量を求めよ．ただし，棒材料のヤング率は $E = 200$ GPa とする．

（解）断面積 $A = 2 \times 2 \times 10^{-4} \, \text{m}^2 = 4 \times 10^{-4} \, \text{m}^2$ で，棒にかかる外力は $P = -10 \times 10^3 \, \text{N}$ であるから

$$\sigma = \frac{P}{A} = -\frac{10 \times 10^3}{4 \times 10^{-4}} = -25 \, \text{MPa}$$

$$\varepsilon = \frac{\sigma}{E} = -\frac{25 \times 10^6}{200 \times 10^9} = -1.25 \times 10^{-4}$$

$$\delta = \varepsilon l = -1.25 \times 10^{-4} \times 2 \, (\text{m}) = -2.5 \times 10^{-4} \, (\text{m}) = -0.25 \, \text{mm}$$

例題 1.9 断面積 $5 \, \text{cm}^2$ の材料の断面に沿って $40 \, \text{kN}$ のせん断力を加えた．せん断ひずみはいくらか．ただし，$G = 80 \, \text{GPa}$ とする．

（解）せん断応力は，式 (1.3) より

$$\tau = \frac{P}{A} = \frac{40 \times 10^3}{5 \times 10^{-4}} = 80 \, \text{MPa}$$

せん断ひずみは，式 (1.14) より

$$\gamma = \frac{\tau}{G} = \frac{80 \times 10^6}{80 \times 10^9} = 1 \times 10^{-3}$$

1.4 材料の機械的性質

1.4.1 応力-ひずみ線図

機械や構造物を設計するには，使いたいと考える材料の使用上における多くの情報を正確に知る必要がある．中でも材料の機械的性質は材料の強度についての情報であり，重要なものである．この材料の機械的性質は種々の工業試験によって得られるが，中でも引張試験は材料の機械的性質の大部分を求めることができる重要な試験である．この引張試験は材料の一部分から切り出した規定の寸法形状の標準試験片（図 1.10 には JIS Z 2201 で規定された標準試験片形状の一例を示す）を引張試験機に取り付け，引張荷重を徐々に増やしていき最後に破断させるもので（詳細は JIS（日本工業規格）で決められている），その間に材料が荷重に対してどのような挙動を示すかを調べるものである．この引張試験で得られた結果を示すのに，**荷重-伸び線図** (load-elongation diagram) がある．図 1.11 に低炭素鋼，鋳鉄および銅の荷重-伸び線図を示す．

図の縦軸は荷重 P，横軸は伸び δ を表す．ここで縦軸の荷重を試験片の試験前の断面積 A_0 で割ったものを**公称応力** (nominal stress) σ_n という．

$$\sigma_n = \frac{P}{A_0} \tag{1.17}$$

また，横軸の伸びを図 1.10 に示す試験片の試験前の標点距離（引張試験で試験片の伸びを測定するためにあらかじめ決められた長さを試験片に印を付けておく，その長さ）で割ったものを**公称ひずみ** (nominal strain)

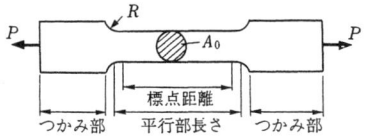

図 1.10　JIS Z 2201 で規定された標準試験片

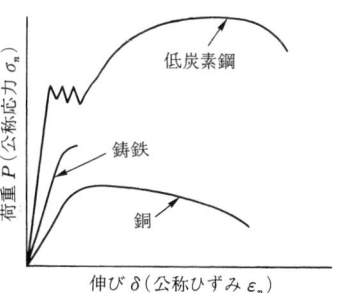

図 1.11　低炭素鋼，鋳鉄および銅の荷重-伸び線図

ε_n という.

$$\varepsilon_n = \frac{\delta}{l_0} \qquad (1.18)$$

したがって，図 1.11 の荷重-伸び線図は形をそのままで縦軸の荷重を公称応力，横軸の伸びを公称ひずみと置き換えることもできる．これを**応力-ひずみ線図**（stress-strain diagram）という．しかし，実際に試験片に荷重が作用すれば試験片は当然のことながら伸びるので断面積は減少するはずである．このことを考慮した応力を**真応力**（true stress）という．この差は荷重が小さい間はほとんどないが，荷重が大きくなるにつれて大きくなる．特に最大荷重の点を過ぎると大きくなる．刻々と変化する断面積を A とすると，真応力 σ_t は

$$\sigma_t = \frac{P}{A} \qquad (1.19)$$

一方，ひずみについても伸び δ が小さい間は公称ひずみもそれほど問題ないが，大きくなると，初めの標点距離の長さ l_0 で割り，ひずみを求めることに支障が出てくる．これより，標点距離の長さ l_0 は荷重の増加とともに刻々と変化していると考えるべきである．

ひずみの微小増加量を $d\varepsilon$ とすると

$$d\varepsilon = \frac{dl}{l} \qquad (1.20)$$

これを l_0 から l_1 まで積分すると

$$\varepsilon_t = \int_{l_0}^{l_1} \frac{dl}{l} = \log \frac{l_1}{l_0} = \log \left(1 + \frac{l_1 - l_0}{l_0}\right) = \log(1 + \varepsilon_n) \qquad (1.21)$$

これを**真ひずみ**（true strain）または対数ひずみと呼ぶ．

1.4.2 軟鋼の応力-ひずみ線図

図 1.12 に工業的に最も広く用いられている軟鋼材の応力-ひずみ線図を示す．図において OP 間は応力とひずみが正比例しており，いわゆるフックの法則が成立する範囲であって，P 点の応力を通常比例限度と呼ぶ．また E 点は材料が弾性を保つ限界であって，その応力は弾性限度と呼ばれる．P，E 点を越えて荷重が負荷されると，ついに応力が増加しないのにひずみが急増する点 Y_1 に達する．このような点の応力を**降伏応力**（yield stress），または**降伏点**（yield point）と呼ぶ．軟鋼においては図示のように降伏現象は**上降伏点** Y_1（upper yield point）で始まり，その後荷重は降下し，小振幅変動はするが平均的には比較的一様なある値，すなわち**下降伏点** Y_2（lower yield point）になる．この間試験片の平行部には**リューダース帯**（Luders band）と呼ばれるすべり変形が全域にわたって生ずることになる．また，降伏点は，P，E 点に比較して試験上明瞭に確認できる

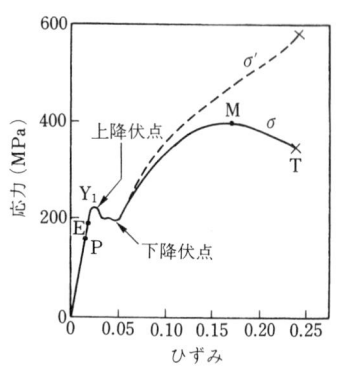

図 1.12 軟鋼の応力-ひずみ線図

ので，各種の強度設計上のデータとして用いられることが多い．Y_2 点を越え，引張荷重が加えられると，図示のように応力とひずみはさらに増加する．これは降伏によって材料内部でのすべり変形が完了し，見かけ上材料が硬化したようになるため，この現象を**ひずみ硬化**（strain hardening）という．この現象のため応力は図示の M 点まで達するが，この点の応力が引張試験での最大応力であることから，これを**引張強さ**（tensile strength）または**極限強さ**（ultimate strength）と定義されている．この点を越えて試験片が引張られると，平行部の一部にくびれが生じ，このくびれ部に変形が集中することとなり，荷重は減少していわゆる T 点で破壊する．この T 点の応力を**破断点**（breaking point）という．

引張試験において，標点距離 l が破断後 l' になったとき破断までの全伸びの元の長さに対する百分率，つまり標点距離の増加量を％で示した

$$\phi = \frac{l'-l}{l} \times 100\% \tag{1.22}$$

を**伸び率**（percentage elongation）という．また，試験片の標点間のもとの断面積 A と破断後の最小断面積 A' との差，つまり断面積の縮小量を元の断面積に対する百分率で示した

$$\phi = \frac{A-A'}{A} \times 100\% \tag{1.23}$$

を**絞り**（contraction percentage of area）という．

例題 1.10 破断点の荷重が 100 kN，最大荷重が 120 kN であった．この試験片の最初の直径は 16 mm で破断後に測定したときの直径は 10 mm であった．この試験片の

① 引張強さ　② 破断点の公称応力および真応力

を求めよ．

（解）引張強さおよび破断点の公称応力は式（1.17）より，また真応力は式（1.19）より

① 引張強さ

$$\sigma_B = \frac{P}{A_0} = \frac{120 \times 10^3}{\frac{\pi}{4}(0.016)^2} = 597 \text{ MPa}$$

② 破断点の公称応力

$$\sigma_T = \frac{P}{A_0} = \frac{100 \times 10^3}{\frac{\pi}{4}(0.016)^2} = 497 \text{ MPa}$$

破断点の真応力

$$\sigma_t = \frac{P}{A} = \frac{100 \times 10^3}{\frac{\pi}{4}(0.01)^2} = 1273 \text{ MPa}$$

例題 1.11 標点間距離 120 mm の試験片で引張試験を行った．伸びが 1 mm になったときの公称ひずみと真ひずみを求めよ．

（解）公称ひずみは式（1.18），真ひずみは式（1.21）より

公称ひずみ
$$\varepsilon_n = \frac{\delta}{l_0} = \frac{1}{120} = 0.833 \times 10^{-2}$$

真ひずみ
$$\varepsilon_t = \log(1+\varepsilon_n) = \log\left(1+\frac{1}{120}\right) = 0.830 \times 10^{-2}$$

両者の差は，約 0.4% である．

例題 1.12 構造用鋼を JIS 4 号試験片（直径 $d=14$ mm，標点距離 $l_0=50$ mm）によって引張試験を行った結果，破断時での伸び量が 21.3 mm，直径が 11.8 mm を記録した．次の量を求めよ．

① 伸び率　② 絞り

（解）伸び率は式（1.22）より，絞りは式（1.23）より

① $\phi = \dfrac{l'-l}{l} \times 100 = \dfrac{21.3}{50} \times 100 = 42.6\%$

② $\phi = \dfrac{A-A'}{A} \times 100 = \dfrac{14^2-11.8^2}{14^2} \times 100 = 29.0\%$

1.5　許容応力と安全率

　機械や構造物の設計に当たってまず必要なことは使用する材料の応力をどのようにして決定するかである．このためには機械や構造物が少なくとも決められた期間は十分に安全に使用できることを保証するような材料の応力，すなわち**許容応力**（allowable stress）σ_a を決めることが必要になってくる．この許容応力を求めるためには使用する材料の基準となる強度が必要である．これを基準強さ σ_s というが，この基準強さを基として使用条件に応じた情報（各種の材料試験や環境試験などによって求める）を考慮して許容応力を決定するのが普通である．

　この基準強さ σ_s と許容応力 σ_a との比 S を**安全率**（safety factor）という．すなわち

$$S = \frac{\sigma_s}{\sigma_a} \tag{1.24}$$

　普通 σ_s としては静荷重の場合，ぜい性材料や木材では引張強さをとる．延性材料では，σ_s としては降伏点をとるのがよい．急激に変動する荷重が作用する場合は安全率は高くとらねばならない．

例題 1.13 引張荷重 2.0×10^4 N を受けている円形断面部材がある．この部材材料の降伏点が 80 MPa で，安全率を 2.5 としたとき，部材の安全直径を求めよ．

（解） この部材の許容応力 σ_a は

$$\sigma_a = \frac{\sigma_s}{S} = \frac{80}{2.5} = 32 \text{ MPa}$$

部材の直径を d とすると

$$\frac{4P}{\pi d^2} \leq \sigma_a$$

$$\therefore d \geq \sqrt{\frac{4P}{\pi \sigma_a}} = \sqrt{\frac{4 \times 2.0 \times 10^4}{\pi \times 32 \times 10^6}} \text{ m} = 2.82 \text{ cm}$$

例題 1.14 直径 2 cm のロープ数本を用いて 40 kN の重量物を吊り上げたい．このロープ 1 本の引張強さが 50 MPa であるとき，安全率を 3.0 とすればロープは何本必要か．

（解） 使用するロープの本数を n とし，すべてのロープには等しい応力 σ が生ずると考えると

$$\sigma = \frac{P}{n(\pi d^2/4)}$$

ここで P は重量物の重さ，d はロープの直径．安全率を S，ロープの強さを σ_s とすれば，強度設計上次式が成立しなければならない．

$$\sigma \leq \frac{\sigma_s}{S}$$

すなわち

$$n \geq \frac{4PS}{\pi d^2 \sigma_s}$$

諸値を代入すると

$$n \geq \frac{4 \times 4.0 \times 10^4 \times 3.0}{\pi \times 0.02^2 \times 50 \times 10^6} = 7.64$$

すなわち，ロープは最低 8 本必要である．

演習問題

1.1 図 1.13 に示すように，満員の乗客を乗せて 100 kN の重さになったケーブルカーが斜面上のレールの上を鋼製のケーブルでゆっくりと引き上げられている．ケーブルの有効断面積が 400 mm² であり，レールの傾斜角は 30°である．ケーブルに作用する引張応力はどれほどか．

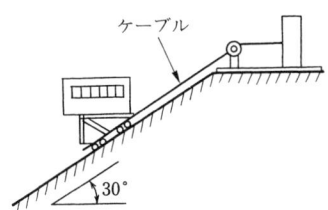

図 1.13

1.2 図 1.14 に示すように，直径 d が 10 mm の 4 本の丸棒で支えられている棚に，4 kN の物体を載せた．このとき丸棒に生ずる応力はどれほどか．

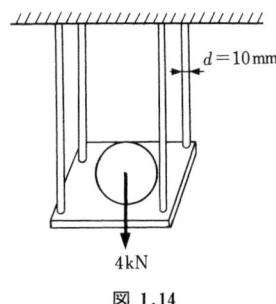

図 1.14

1.3 図 1.15 に示すように，厚さ $t=4$ mm，長さ $l=30$ cm の厚紙を切断する．どれほどの荷重を必要とするか．ただし，紙のせん断強さを 5 MPa とする．

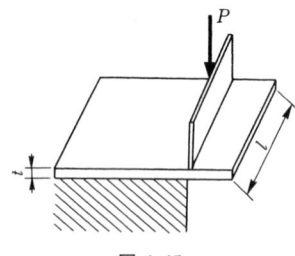

図 1.15

1.4 図 1.16 に示すように，釘抜きのつかみに $P=200$ N の力を加えたとすると釘にはいくらの力が作用するか．また，釘抜きのボルトの直径を求めよ．ただし，許容せん断応力を $\tau_a=20$ MPa とする．

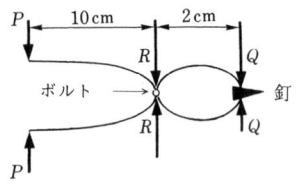

図 1.16

1.5 図 1.17 に示すように，ブロックのある面に直角に交わる 2 つの直線を刻んだ．このブロックにせん断荷重を作用させたところ，直線の交わる角度が 89.75° に変わった．このとき，材料中に発生したせん断ひずみはどれほどか．また，材料のヤング率を 200 GPa，ポアソン比を 0.3 とすると，どれだけのせん断応力が発生しているか．

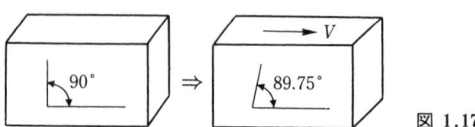

図 1.17

演習問題

1.6 図1.18に示すように，中空円筒形状のジュラルミン製支柱に圧縮荷重 P が作用している．中空円筒の外径と内径はそれぞれ $d_2 = 130$ mm, $d_1 = 90$ mm であり，長さは 1 m である．荷重のために支柱が 0.6 mm だけ短くなった．支柱に生ずる応力 σ とひずみ ε および荷重 P を求めよ．ただし，材料のヤング率は $E = 70$ GPa である．

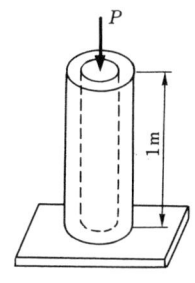

図 1.18

1.7 平行部の直径が $d = 14$ mm，標点間距離 50 mm である JIS 4 号試験片を引張試験したところ，次のようなデータを得た．このときの比例限度での荷重が 60 kN でそのときの伸びが 0.09 mm，降伏時の荷重が 70 kN，最大荷重が 105 kN，破断後の標点間距離が 64 mm，くびれ部の直径が 11.4 mm であった．この結果から，ヤング率 E，降伏応力 σ_Y，引張強さ σ_B，伸び率 ϕ および絞り ϕ を求めよ．

1.8 ヤング率 $E = 200$ GPa，ポアソン比 $\nu = 0.3$ をもつ鋼製の回転軸がある．無負荷状態の軸直径は正確に 50 mm である．軸には"はめあい部分"があるため，軸方向の圧縮荷重によって直径が 50.025 mm より大きくなってはいけない．許容できる最大の圧縮荷重はどれだけか．

1.9 直径 2 cm の鋼棒を 100 kN で軸方向に引張ると，棒はどれほど細くなるか．ポアソン比を $\nu = 0.3$, $E = 206$ GPa とする．

1.10 問題 1.2 において，材料の引張強さを $\sigma_B = 150$ MPa，また，安全率を $S = 3$ として，質量 120 kg の物体を載せたい場合，丸棒の直径はどれほどにすればよいか．

1.11 垂直なワイヤで結ばれた，1台のエレベーターがある．このエレベーターは無負荷状態で質量 4500 kg である．その最大上昇加速度は 2 m/s² である．ワイヤの破断強さは 600 MPa である．安全率を 3.5 としてこのワイヤの断面積を求めよ．

2 引張・圧縮

機械や構造物が外部から荷重を受けると，これらを構成している部材は引張，圧縮，曲げあるいはねじりなどの基本的荷重を受けることになり変形する．そのため，各部材は外力に耐え，要求される機能を保持できるように直径や材質を考慮に入れて設計しなければならない．

本章では，細長い棒や組合せ棒について，一軸方向に引張荷重あるいは圧縮荷重が作用する場合について応力とひずみの関係について説明する．

2.1 引張・圧縮問題

2.1.1 断面積が変化する棒の応力とひずみ

図 2.1 に示すように，断面積が変化する棒に棒方向に荷重が作用したときの応力とひずみを考える．断面積は x とともに変化するので微小部分 dx の伸び $d\delta$ は

$$d\delta = \varepsilon dx = \frac{\sigma}{E} dx = \frac{P}{EA(x)} dx \tag{2.1}$$

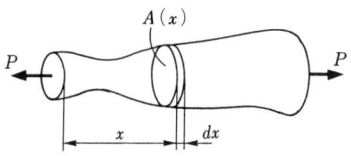

図 2.1 断面積が変化する棒に荷重が作用する場合

全体の伸び δ は，微小部分の伸び $d\delta$ を棒全体にわたって積分すればよいから

$$\delta = \int_0^l d\delta = \int_0^l \varepsilon dx = \int_0^l \frac{P}{EA(x)} dx = \frac{P}{E} \int_0^l \frac{dx}{A(x)} \tag{2.2}$$

x の位置での応力 σ は

$$\sigma = \frac{P}{A(x)} \tag{2.3}$$

例題 2.1 図 2.2 のように A 端が直径 d_1，B 端が直径 d_2，長さが l であるテーパー状の棒に，引張荷重 P が作用したときの位置 x における棒に生じる応力，ひず

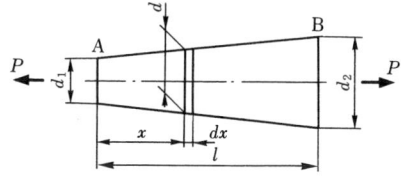

図 2.2 テーパー状棒に引張荷重が作用する場合

みおよび全体の伸びを求めよ．ただし，ヤング率を E とする．

（**解**）　A 端から x の位置にある長さ dx の部分を考える．この部分の直径 d は

$$d = d_1 + (d_2 - d_1)\frac{x}{l}$$

断面積 A は

$$A(x) = \frac{\pi}{4}d^2 = \frac{\pi}{4}\left\{d_1 + (d_2 - d_1)\frac{x}{l}\right\}^2$$

ゆえに，この部分の応力とひずみは

$$\sigma = \frac{P}{A(x)} = \frac{P}{\frac{\pi}{4}\left\{d_1 + (d_2 - d_1)\frac{x}{l}\right\}^2}$$

$$\varepsilon = \frac{\sigma}{E} = \frac{4P}{\pi E\left\{d_1 + (d_2 - d_1)\frac{x}{l}\right\}^2}$$

全体の伸び δ は

$$\begin{aligned}
\delta &= \int_0^l \varepsilon\,dx = \frac{4P}{\pi E}\int_0^l \frac{1}{\left\{d_1 + (d_2 - d_1)\frac{x}{l}\right\}^2}dx \\
&= \frac{4P}{\pi E}\left[\frac{-l}{d_2 - d_1}\cdot\frac{1}{\left\{d_1 + (d_2 - d_1)\frac{x}{l}\right\}}\right]_0^l \\
&= \frac{4P}{\pi E}\cdot\frac{l}{d_1 - d_2}\left[\frac{1}{d_2} - \frac{1}{d_1}\right] \\
&= \frac{4P}{\pi E}\cdot\frac{l}{d_1 d_2}
\end{aligned}$$

2.1.2　骨組構造

棒の組合せからなる構造物を骨組構造と呼び，その各要素を部材，部材の継ぎ目を節点という．節点がピン結合で部材が自由に回転できるような骨組構造を**トラス**（truss）と呼び，節点が1つでも溶接などで固定されている骨組構造を**ラーメン**（rahmen）と呼ぶ．

図 2.3 (a) のように，一様断面積 A，ヤング率 E である 2 本の棒からなる骨組構造物を考える．部材 1，2 とも両端はピン結合であり，点 O に荷重 P が鉛直下方に作用している．節点はピン結合であるため，両部材に作用する力は部材軸方向の荷重のみである．部材 1，2 に作用する軸荷重を T_1, T_2 とすると，O 点における力の釣合いから

$$T_1 \sin\theta = T_2 \sin\theta \tag{2.4}$$
$$T_1 \cos\theta + T_2 \cos\theta = P \tag{2.5}$$

これを連立させて解くと T_1 と T_2 とは等しく，これを T とおくと

$$T_1 = T_2 = T = \frac{P}{2\cos\theta} \tag{2.6}$$

各部材の伸び δ_1, δ_2 は，部材長さが等しいところから等しく δ である．

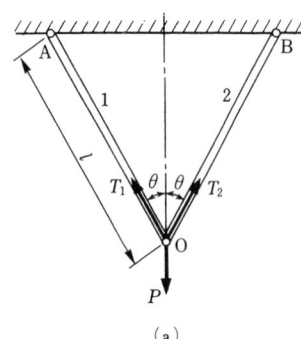

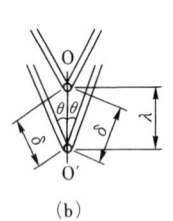

図 2.3　2 本の棒からなるトラス

$$\delta_1 = \delta_2 = \delta = \frac{Tl}{AE} = \frac{Pl}{2AE\cos\theta} \quad (2.7)$$

変形後のOの位置O'は，点A，Bを中心として両部材の変形後の長さ$l+\delta$の半径の円を描くことにより求まる．変形が微小であるときは，壁と部材がなす角が，変形前，変形後で等しく，∠OAB＝∠O'AB，∠OBA＝∠O'BAであると考えると，図2.3(b)のようになり，荷重点Oの変位λは次式となる．

$$\lambda = \frac{\delta}{\cos\theta} = \frac{Pl}{2AE\cos^2\theta} \quad (2.8)$$

例題 2.2 図2.3で$l=1\,\mathrm{m}$，$\theta=45°$，$P=50\,\mathrm{kN}$のとき，この棒に生ずる応力が200 MPa以下であるための棒の断面積を求めよ．また，垂直変位λを求めよ．ただし，$E=206\,\mathrm{GPa}$とする．

（解）両部材に生じている引張荷重Tは，式(2.6)より

$$T = \frac{P}{2\cos\theta} = \frac{50 \times 10^3}{2\cos 45°} = 25\sqrt{2} \times 10^3 \,\mathrm{N}$$

両部材に要求される面積Aは，次のようでなければならない．

$$\frac{T}{A} = \frac{25\sqrt{2} \times 10^3}{A} \leq 200 \times 10^6$$

$$\therefore A \geq \frac{25\sqrt{2} \times 10^3}{200 \times 10^6} = 125\sqrt{2} \times 10^{-6}\,\mathrm{m^2} = 1.77\,\mathrm{cm^2}$$

棒の断面積は1.77 cm²以上でなければならない．

また，垂直変位λは式(2.8)より

$$\lambda = \frac{Pl}{2AE\cos^2\theta} = \frac{50 \times 10^3 \times 1}{2 \times 125\sqrt{2} \times 10^{-6} \times 206 \times 10^9 \times 0.5} = 1.37 \times 10^{-3}\,\mathrm{m} = 1.37\,\mathrm{mm}$$

2.1.3 棒の自重によって生ずる応力とひずみ

棒や骨組構造の軸力および変形を考えるとき，荷重として棒の端部や骨組構造の節点に直接負荷される外力のみを考えてきた．しかし大型構造物などのように部材寸法が長くなると部材自身の重さ（自重）によって発生する応力はけっして無視できない大きさとなる．また高速回転など運動する物体では遠心力や加速度に起因する遠心力などが作用する．これらの力は外力と異なり物体内部の各質点に対して直接に作用するので，**物体力**（body force）あるいは体積力と呼ばれて通常の外力とは区別して取り扱われる．

（1）自重によって生ずる応力と変形

図2.4(a)の一様断面積A，長さlの棒の上端を固定し，下端に鉛直荷重Pを作用させる．棒の密度（単位体積当たりの質量）をρ，重力の加速度をgとすれば，棒の下端からxの任意断面a-aでの軸力は，荷重PとO〜

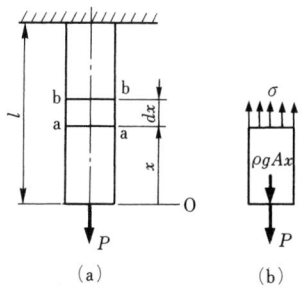

図 2.4 自重を考慮する一様断面棒

a 部分の棒自身の重量の和となる．従って，断面 a–a に作用する引張応力 σ は

$$\sigma = \frac{P + \rho g A x}{A} = \frac{P}{A} + \rho g x \qquad (2.9)$$

で与えられる．上式の右辺第 2 項は棒の自重によって生ずる応力を表す．応力は x の増加とともに大きくなり，$x=l$ の固定端で最大となる．材料の許容応力を σ_a とすれば最大応力 $\sigma_{\max}$ は

$$\sigma_{\max} = \frac{P}{A} + \rho g l \leq \sigma_a \qquad (2.10)$$

したがって棒の安全断面積は次式で与えられる．

$$A \geq \frac{P}{\sigma_a - \rho g l} \qquad (2.11)$$

これより棒の長さ l が増加するにつれて棒の自重が安全断面積に与える影響が大きくなり，$l \geq \sigma_a/\rho g$ となると棒の自重による応力が許容応力 σ_a をこえてしまい，一様断面積の設計は不可能となる．

次に，このような棒の伸びを求めるため，a–a 断面と b–b 断面で切り取られた長さ dx の微小部分を考える．この部分での伸び $d\delta$ は，伸びとひずみの関係より $d\delta = \varepsilon dx = (\sigma/E)dx$ で与えられるから，棒全体での伸び δ はこれら微小伸びの総和として次のように得られる．

$$\delta = \int_0^l d\delta = \int_0^l \frac{\sigma}{E} dx = \int_0^l \frac{1}{E}\left\{\frac{P}{A} + \rho g x\right\} dx = \frac{l}{AE}\left(P + \frac{1}{2}\rho g A l\right)$$

$$= \frac{Pl}{AE} + \frac{mg \cdot \dfrac{l}{2}}{AE} \qquad (2.12)$$

ここに，$m = \rho A l$ で，棒全体の質量を表す．上式の右辺第 1 項は荷重 P のみによる伸び，第 2 項は棒の自重によって生ずる伸びをそれぞれ表す．これより，棒全体の伸びは棒の重量 mg に相当する荷重が $x=l/2$ の点に作用する場合と等価となる．

例題 2.3 鋼からできた棒材は垂直に何 m 垂らすことができるか．また，そのときの全体の伸びを求めよ．ただし，$E=200$ GPa，$\rho=7.8\times10^3$ kg/m³，破断応力 $\sigma=400$ MPa とする．

（解）長さ l の棒材の上端に生ずる最大応力は，式 (2.10) より

$$\sigma_{\max} = \rho g l$$

この最大応力が破断応力に達したとき，棒材が破断するから

$$\rho g l = 400 \times 10^6$$

$$\therefore\ l = \frac{400 \times 10^6}{7.8 \times 10^3 \times 9.8} = 5230\ \text{m}$$

全体の伸びは，式 (2.12) より

$$\delta = \frac{\rho g l^2}{2E} = \frac{7.8 \times 10^3 \times 9.8 \times 5230^2}{2 \times 200 \times 10^9} = 5.22 \text{ m}$$

式（2.11）で与えられる断面積 A は，固定端 $x=l$ でのみ必要な値であって，それ以下の断面では発生する応力が許容応力 σ_a より小さくなって経済的でない．したがって，各断面積を必要最小限度の大きさにし，棒の質量を減少させることができれば合理的である．図 2.5 に示す棒の，下端から x の位置での断面積を A_x とし，これと距離 dx 離れた断面 b-b での断面積を $A_x + dA_x$ とする．x が大きくなるにつれて自重による軸力も増大するが，これを断面積の増加によって補い，全断面に発生する応力を許容応力 σ_a に等しくとるものとすれば，微小部分の釣合い条件は次式となる．

$$(A_x + dA_x)\sigma_a = A_x \sigma_a + \rho g A_x dx \tag{2.13}$$

上式の右辺第 2 項は微小部分の重量を表している．式（2.13）より

$$\frac{dA_x}{A_x} = \frac{\rho g}{\sigma_a} dx \tag{2.14}$$

両辺を積分すれば

$$\ln A_x = \frac{\rho g}{\sigma_a} x + C \tag{2.15}$$

あるいは

$$A_x = C e^{\rho g x / \sigma_a} \tag{2.16}$$

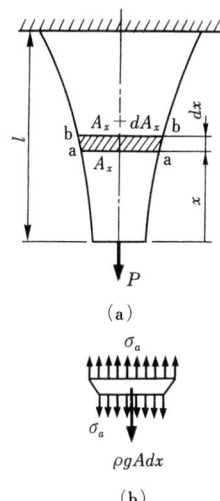

図 2.5 平等強さの形状

$C = e^c$ は積分定数である．棒の下端 $x=0$ の断面でも発生する応力は σ_a と等しくなる必要があるから，$C = (A_x)_{x=0} = P/\sigma_a$ となり

$$A_x = \frac{P}{\sigma_a} e^{\rho g x / \sigma_a} \tag{2.17}$$

を得る．これは断面積が指数関数的に固定端で大きくなる形状を表しており，このように全断面で一様な応力を生ずる形状を**平等強さ**（uniform strength）の形状という．

式（2.17）で与えられる形状の棒に生ずる全伸び δ は，各断面での応力が一定値 σ_a であることにより，簡単に次式のように求まる．

$$\delta = \frac{\sigma_a l}{E} \tag{2.18}$$

例題 2.4 図 2.6 に示すような段付棒がある．自重によって生ずる全伸びを求めよ．ただしヤング率 $E=200\,\mathrm{GPa}$，密度 $\rho=7.8\times10^3\,\mathrm{kg/m^3}$ とする．

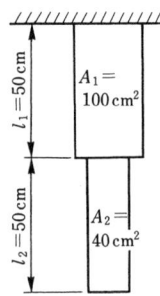

図 2.6 自重を考慮する段付き棒

（**解**） 1，2 部分の伸びを δ_1，δ_2 とすると，全伸び δ は
$$\delta=\delta_1+\delta_2$$
2 の部分の伸び δ_2 は，自重のみだから，式 (2.12) より
$$\delta_2=\frac{\rho g l_2^2}{2E}$$
また，1 の部分の伸び δ_1 は，2 の部分の重さによる伸びと自重による伸びの和だから，式 (2.12) より
$$\delta_1=\frac{Pl_1}{A_1E}+\frac{\rho g l_1^2}{2E}=\frac{\rho g A_2 l_2 l_1}{A_1 E}+\frac{\rho g l_1^2}{2E}=\frac{2\rho g l_1 l_2}{5E}+\frac{\rho g l_1^2}{2E}$$
$l_1=l_2$ だから
$$\delta_1=\frac{9\rho g l_2^2}{10E}$$
$$\therefore\ \delta=\frac{9\rho g l_2^2}{10E}+\frac{\rho g l_2^2}{2E}=\frac{7\rho g l_2^2}{5E}=\frac{7\times9.8\times7.8\times10^3\times(0.5)^2}{5\times200\times10^9}$$
$$=1.3\times10^{-7}\,\mathrm{m}=1.3\times10^{-4}\,\mathrm{mm}$$

これより，自重による伸びは微小である．

例題 2.5 図 2.7 に示すように，高さ l，底面の直径 d，密度 ρ，ヤング率 E の直円錐を天井から吊るしたとき，自重による伸びを求めよ．

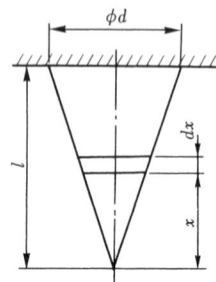

図 2.7 天井から吊るされた直円錐棒

（解）端より x の断面に作用する力 P_x は，下端から x 離れた位置における直径を d_x とすると

$$P_x = \frac{\pi}{4} d_x^2 \cdot x \cdot \frac{\rho g}{3} = \frac{\pi \rho g}{12} d_x^2 \cdot x$$

また，この位置における応力 σ_x は

$$\sigma_x = \frac{P_x}{\frac{\pi}{4} d_x^2} = \frac{\rho g x}{3}$$

$\sigma_x = E \varepsilon_x$ より

$$\varepsilon_x = \frac{\rho g x}{3E}$$

微小部分 dx の伸びを $d\delta$ とすると，$\varepsilon = d\delta/dx$ より

$$\delta = \int_0^l \varepsilon dx = \int_0^l \frac{\rho g x}{3E} dx = \frac{\rho g}{3E} \int_0^l x dx = \frac{\rho g l^2}{6E}$$

（2）遠心力による応力と変形

回転中心から距離 r の位置にある質量 m の物体が角速度 ω で回転するとき，この物体に働く遠心力は $mr\omega^2$ で与えられる．いま，図 2.8 に示すように断面積が A，長さ l，密度 ρ の棒を水平に保ち，中心 O を通る鉛直軸のまわりに角速度 ω で回転する場合を考える．中心 O から距離 x の微小部分 dx の遠心力 dP_x は，$m = \rho A dx$ を考慮して

$$dP_x = \rho A dx \cdot x \cdot \omega^2$$

したがって，中心から距離 x の断面には半径 x から $l/2$ までの部分の遠心力の総和が作用することになるから，その引張力 P_x は

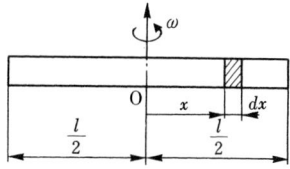

図 2.8 一定の角速度で回転する一様断面棒

$$P_x = \int_x^{l/2} dP_x = \rho A \omega^2 \int_x^{l/2} x dx = \frac{1}{2} \rho A \omega^2 \left(\frac{l^2}{4} - x^2 \right) \quad (2.19)$$

これより，引張応力 σ_x は

$$\sigma_x = \frac{P_x}{A} = \frac{1}{2} \rho \omega^2 \left(\frac{l^2}{4} - x^2 \right) \quad (2.20)$$

また，微小部分 dx の伸びが $\varepsilon dx = (\sigma_x/E) dx$ で与えられるので，全体の伸び δ はその総和として，次式を得る．

$$\delta = 2 \int_0^{l/2} \frac{\sigma_x}{E} dx = \frac{\rho \omega^2}{E} \int_0^{l/2} \left(\frac{l^2}{4} - x^2 \right) dx = \frac{\rho \omega^2 l^3}{12E} \quad (2.21)$$

例題 2.6 図 2.9 に示すように，両端に質量 $m = 0.5$ kg のおもりのついた直径 $d = 2.5$ cm，長さ $l = 1$ m の円形断面の棒を中心 O のまわりに回転数 $N = 3000$ rpm で回転するとき，丸棒内部に生ずる最大応力と伸びを求めよ．ただし，$E = 206$ GPa，密度 $\rho = 7.8 \times 10^3$ kg/m³ とする．

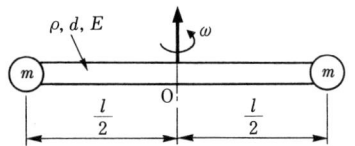

図 2.9 一定の角速度で回転する,両端におもりの付いた一様断面棒

(解) 角速度を ω とすると,おもりによる遠心力 $ml\omega^2/2$ は全断面に一様に作用する.ゆえに各断面の応力は,式 (2.20) に先端質量の影響を加えると

$$\sigma_x = \frac{1}{2}\rho\omega^2\left(\frac{l^2}{4} - x^2\right) + \frac{2ml\omega^2}{\pi d^2}$$

角速度 ω は

$$\omega = 2\pi N = 2 \times 3.14 \times (3000/60) = 314 \text{ rad/s}$$

最大応力は $x=0$ の中心で生じ

$$\sigma_x = \left(\frac{\rho l}{8} + \frac{2m}{\pi d^2}\right) l\omega^2 = \left(\frac{7.8\times 10^3 \times 1}{8} + \frac{2 \times 0.5}{3.14 \times 0.025^2}\right) \times 1 \times 314^2$$

$$= 1.46 \times 10^8 \text{ N/m}^2 = 146 \text{ MPa}$$

同様に質量 m による伸び δ は全長にわたって等しく,式 (2.21) にこれを加え合わせると

$$\delta = \frac{\rho\omega^2 l^3}{12E} + \frac{2ml^2\omega^2}{\pi d^2 E} = \left(\frac{\rho l}{12} + \frac{2m}{\pi d^2}\right)\frac{l^2\omega^2}{E}$$

$$= \left(\frac{7.8 \times 10^3 \times 1}{12} + \frac{2 \times 0.5}{3.14 \times 0.25^2}\right) \times \frac{1^2 \times 314^2}{206 \times 10^9}$$

$$= 0.555 \text{ mm}$$

2.2　不静定問題

構造物の部材に作用する力が,静力学的な力とモーメントの釣合い式のみから求まる問題を**静定** (statically determinate) **問題**という.しかし,静力学的な釣合い式のみからでは各部に作用する力が求まらず,構造物の変形を考慮してはじめて解決される問題がある.このような問題を**不静定** (statically indeterminate) **問題**という.

2.2.1　不静定骨組構造

図 2.10 に示すような骨組構造を考える.節点はピン結合になっており,節点 O で鉛直下方に荷重 P を受けている.3 本の棒は同一断面積 A をもち,同一材料でヤング率が E であるとする.棒 OA, OB, OC に作用する荷重は軸力のみで,おのおのについて T_1, T_2, T_3 とする.節点 O での釣合い式は

$$T_1 \cos\theta + T_2 + T_3 \cos\theta = P \tag{2.22}$$

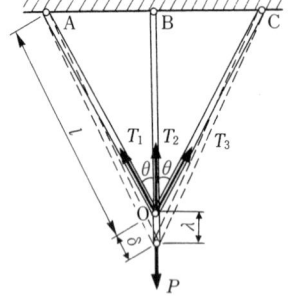

図 2.10　3 本の棒からなる不静定骨組構造

$$T_1 \sin\theta = T_3 \sin\theta \tag{2.23}$$

の2式であり，求めるべき3つの未知量 T_1, T_2, T_3 はこれら釣合い式のみからは決まらず，この問題は不静定問題である．

次に，第3の方程式を導くために棒の変形を考える．式 (2.23) から

$$T_1 = T_3 \tag{2.24}$$

であるので，棒 OA と棒 OC は等しく δ だけ伸び，節点 O は鉛直下方に変位し，棒 OB は λ だけ伸びる．δ, λ はそれぞれ

$$\delta = \frac{T_1 l}{AE}, \quad \lambda = \frac{T_2 l \cos\theta}{AE} \tag{2.25}$$

変形が微小であるとすると，変位は次の条件を満足しなければならない．

$$\delta = \lambda \cos\theta \tag{2.26}$$

これから，次式が導かれる．

$$T_1 = T_2 \cos^2\theta \tag{2.27}$$

これが求めるべき第3の方程式である．

以上より

$$\begin{aligned}T_1 = T_3 &= \frac{P\cos^2\theta}{1 + 2\cos^3\theta} \\ T_2 &= \frac{P}{1 + 2\cos^3\theta}\end{aligned} \tag{2.28}$$

棒の伸び δ, λ は，式 (2.28)，(2.25) より，次式となる．

$$\begin{aligned}\delta &= \frac{Pl}{AE} \cdot \frac{\cos^2\theta}{1 + 2\cos^3\theta} \\ \lambda &= \frac{Pl}{AE} \cdot \frac{\cos\theta}{1 + 2\cos^3\theta}\end{aligned} \tag{2.29}$$

例題 2.7 図 2.11 に示すように，天井から同じ直径 $d = 2\,\mathrm{cm}$ の棒材3本で質量 $m = 100\,\mathrm{kg}$ のおもりを吊り下げたとき，棒材の応力と伸びを求めよ．ただし，$l = 4\,\mathrm{m}$, $E = 200\,\mathrm{GPa}$ とする．

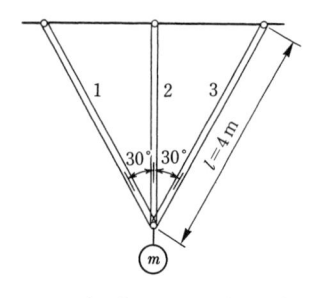

図 2.11 3本の棒からなる不静定骨組構造

(解) 棒材1, 2, 3にかかる力 T_1, T_2, T_3 は，式 (2.28) より

$$T_1 = T_3 = \frac{100 \times 9.8 \cos^2 30°}{1 + 2\cos^3 30°} = 320 \text{ N}$$

$$T_2 = \frac{100 \times 9.8}{1 + 2\cos^3 30°} = 426 \text{ N}$$

ゆえに，棒材1, 2, 3 に生じる応力 $\sigma_1, \sigma_2, \sigma_3$ は

$$\sigma_1 = \sigma_3 = \frac{320}{\frac{\pi}{4} \times (0.02)^2} = 1.02 \text{ MPa}$$

$$\sigma_2 = \frac{426}{\frac{\pi}{4} \times (0.02)^2} = 1.36 \text{ MPa}$$

また，棒材の伸び δ, λ は式 (2.29) より

$$\delta = \frac{\sigma_1 l}{E} = \frac{1.02 \times 10^6 \times 4}{200 \times 10^9} = 2.04 \times 10^{-5} \text{m} = 0.02 \text{ mm}$$

$$\lambda = \frac{\sigma_2 l \cos 30°}{E} = \frac{1.36 \times 10^6 \times 4 \times \frac{\sqrt{3}}{2}}{200 \times 10^9} = 2.36 \times 10^{-5} \text{m} = 0.023 \text{ mm}$$

2.2.2 軸力を受ける両端固定棒

図 2.12 に示すように両端を固定した長さ l の一様断面棒がある．左端から a の位置で軸力 P が作用する場合を考える．荷重 P は左右端の反力 R_1, R_2 によって支持される．水平方向の力の釣合いから

$$R_1 + R_2 = P \tag{2.30}$$

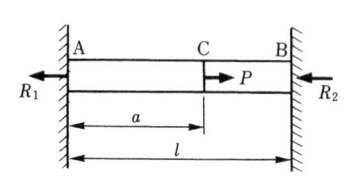

図 2.12 軸力を受ける両端固定棒

未知量は R_1, R_2 で，釣合い式は上式しかできない．ゆえに，これも不静定問題である．そこで AC 部分には引張力 R_1 が働き δ_1 伸びるから，また CB 部分には圧縮力 R_2 が働き，δ_2 縮むから，次式が成立する．

$$\delta_1 = \frac{R_1 a}{AE}, \quad \delta_2 = \frac{R_2(l-a)}{AE} \tag{2.31}$$

また

$$\delta_1 - \delta_2 = 0 \tag{2.32}$$

式 (2.31) を式 (2.32) に代入すると

$$\frac{R_1 a}{AE} = \frac{R_2(l-a)}{AE} \tag{2.33}$$

式 (2.30) と式 (2.33) より，R_1, R_2 が求まる．

$$R_1 = \frac{l-a}{l} P, \quad R_2 = \frac{aP}{l} \tag{2.34}$$

したがって，棒の AC, CB 部分に発生する引張応力 σ_1，圧縮応力 σ_2 は次式となる．

$$\sigma_1 = \frac{l-a}{l} \cdot \frac{P}{A}, \quad \sigma_2 = \frac{a}{l} \cdot \frac{P}{A} \tag{2.35}$$

2.2 不確定問題

例題 2.8 断面積 A が $A=10\,\text{cm}^2$ の鋼棒が，図 2.13 に示すように軸方向荷重を受けて引張られているとき，この棒の伸びを求めよ．ただし，$E=206\,\text{GPa}$ とする．

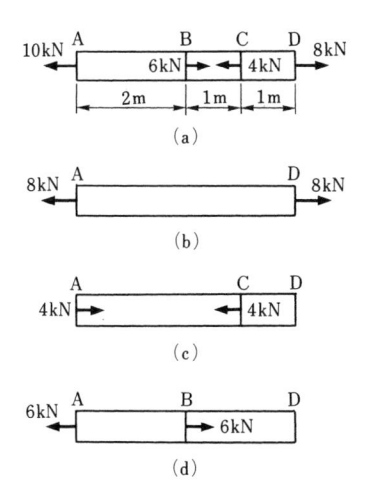

図 2.13 軸方向荷重を受ける鋼棒

（解） 図 2.13 (b)，(c)，(d) に示すように，3 つの場合に分解して考える．

（1） AD 間に 8 kN の引張力が作用している．AD 間の伸びを δ_1 とすると

$$\delta_1 = \frac{Pl}{AE} = \frac{8 \times 10^3 \times 4}{10 \times 10^{-4} \times 206 \times 10^9} = 0.155 \times 10^{-3}\,\text{m} = 0.155\,\text{mm}$$

（2） AC 間に 4 kN の圧縮力が作用している．AC 間の縮みを δ_2 とすると

$$\delta_2 = \frac{4 \times 10^3 \times 3}{10 \times 10^{-4} \times 206 \times 10^9} = -0.058 \times 10^{-3}\,\text{m} = -0.058\,\text{mm}$$

（3） AB 間に 6 kN の引張力が作用している．AB 間の伸びを δ_3 とすると

$$\delta_3 = \frac{6 \times 10^3 \times 2}{10 \times 10^{-4} \times 206 \times 10^9} = 0.058 \times 10^{-3}\,\text{m} = 0.058\,\text{mm}$$

問題は，(1)，(2)，(3) を重ね合わせたものであるから，全伸び δ は

$$\delta = \delta_1 + \delta_2 + \delta_3 = 0.155\,\text{mm}$$

例題 2.9 図 2.14 (a) に示すように，両端固定の棒が荷重 P_1，P_2 を受けている．両端面の反力 R_1，R_2 および各部の伸び，縮みを求めよ．ただし，棒材の断面積とヤング率を A，E とする．

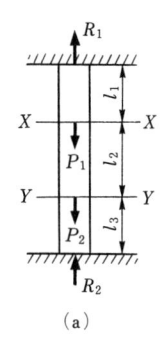

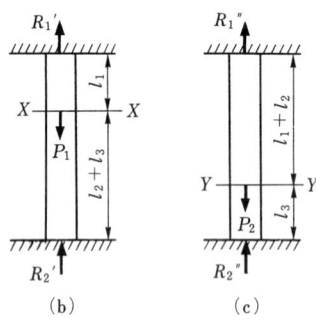

図 2.14 2 つの軸方向荷重を受ける両端固定棒

（解）図 2.14 (b)，(c) に示すように 2 つの場合に分けて，図 2.12 を利用する．図 2.14 (b) で，反力を $R_1{}'$，$R_2{}'$ とすると，式 (2.34) より

$$R_1{}' = \frac{l_2 + l_3}{l} P_1, \quad R_2{}' = \frac{l_1}{l} P_1$$

図 2.14 (c) で，反力を $R_1{}''$，$R_2{}''$ とすると，式 (2.34) より

$$R_1{}'' = \frac{l_3}{l} P_2, \quad R_2{}'' = \frac{l_1 + l_2}{l} P_2$$

ここで，$l = l_1 + l_2 + l_3$ とする．よって

$$R_1 = R_1{}' + R_1{}'' = \frac{(l_2 + l_3)P_1 + l_3 P_2}{l}$$

$$R_2 = R_2{}' + R_2{}'' = \frac{l_1 P_1 + (l_1 + l_2)P_2}{l}$$

また，各部の伸び，縮みは

$$\delta_1 = \frac{R_1 l_1}{AE}, \quad \delta_3 = \frac{R_2 l_3}{AE}$$

$$\delta_2 = -\delta_1 - \delta_3 = -\frac{R_1 l_1 + R_2 l_3}{AE}$$

2.2.3 圧縮不静定問題

図 2.15 に示すように,棒 A をこれと等しい長さの管 B の中にはめ,両端から2枚の剛性板で圧縮する.このときの板の圧縮荷重を P,棒 A と管 B の受ける圧縮荷重をそれぞれ P_a, P_b とする.また,棒 A と管 B の長さは l,断面積はそれぞれ A_a, A_b,ヤング率はそれぞれ E_a, E_b であるとする.釣合い式を立てると

$$P_a + P_b = P \tag{2.36}$$

となり,これだけからは荷重 P_a, P_b は定まらないので,この問題は不静定問題である.P_a, P_b を決定するには棒と管の変形を考慮する必要がある.すなわち,棒 A と管 B の縮み量は等しく δ なので

$$\delta = \frac{P_a l}{A_a E_a} = \frac{P_b l}{A_b E_b} \tag{2.37}$$

この式 (2.37) と式 (2.36) を連立させて解くと,P_a, P_b が求まる.

$$P_a = \frac{A_a E_a}{A_a E_a + A_b E_b} P, \quad P_b = \frac{A_b E_b}{A_a E_a + A_b E_b} P \tag{2.38}$$

これより,棒 A と管 B に生じる圧縮応力 σ_a, σ_b は次式となる.

$$\sigma_a = \frac{E_a}{A_a E_a + A_b E_b} P, \quad \sigma_b = \frac{E_b}{A_a E_a + A_b E_b} P \tag{2.39}$$

また,伸び δ は次式となる.

$$\delta = \frac{P l}{A_a E_a + A_b E_b} \tag{2.40}$$

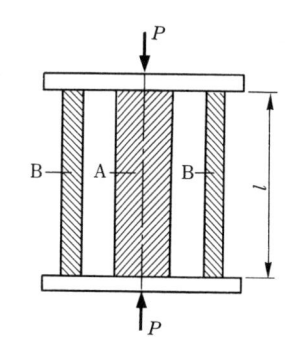

図 2.15 棒と管からできた構造物が圧縮荷重を受ける場合

例題 2.10 ヤング率および断面積が E_1, A_1 である部材 1 と E_2, A_2 である部材 2 が図 2.16 のように水平な剛体棒と連結している.この剛体棒に圧縮荷重 P を作用させるとき,1,2両部材の縮みが等しくなる場合の位置 l を求めよ.また,両部材にかかる圧縮応力 σ_1, σ_2 を求めよ.

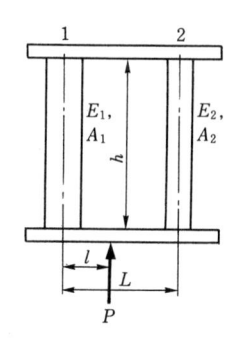

図 2.16 材質と断面積が異なった棒からできた構造物が力を受ける場合

(**解**) 部材 1, 2 にかかる圧縮力を P_1, P_2 とすると
$$P_1 + P_2 = P \qquad ①$$
また, 部材 1, 2 が縮む量 δ は等しいから
$$\delta = \frac{P_1 h}{A_1 E_1} = \frac{P_2 h}{A_2 E_2} \qquad ②$$
①, ②より, P_1, P_2 は
$$P_1 = \frac{A_1 E_1}{A_1 E_1 + A_2 E_2} P, \quad P_2 = \frac{A_2 E_2}{A_1 E_1 + A_2 E_2} P \qquad ③$$
③より, 部材 1, 2 の圧縮応力 σ_1, σ_2 は
$$\sigma_1 = \frac{E_1}{A_1 E_1 + A_2 E_2} P, \quad \sigma_2 = \frac{E_2}{A_1 E_1 + A_2 E_2} P$$
荷重点まわりのモーメントの釣合いより
$$P_1 l = P_2 (L - l)$$
③を上式に代入すると
$$\frac{A_1 E_1 P}{A_1 E_1 + A_2 E_2} l = \frac{A_2 E_2 P}{A_1 E_1 + A_2 E_2}(L - l)$$
ゆえに
$$l = \frac{A_2 E_2}{A_1 E_1 + A_2 E_2} L$$

2.3　初期応力問題

　機械や構造物を組み立てたとき, 組立ての条件によって部材には初めから応力が生じていることがある. たとえば, 図 2.17 (a) に示すように 1 本の棒材 A とそれよりも長さが短い 2 本の棒材 B があるとする. 図 (b) に示すように棒材 A を中心に両側対称の位置に棒材 B を配置し, それら棒材の両端を剛性のある板に結合すると, 組み立てられた構造物の棒材 A には圧縮, 棒材 B には引張の応力が生じる. この場合のように組み立てられた構造物には外力が作用していなくても, 各部材にはすでに応力が生じていることになる. この応力を**初期応力** (initial stress) または**残留応力** (residual stress) という.

　図 2.17 で棒 B の長さは l, 断面積は A_b, ヤング率は E_b, 棒 A の長さは $l+a$, 断面積は A_a, ヤング率は E_a であるとする. 組立てによって棒 B は δ だけ伸びるとすると, 棒 A は $a-\delta$ だけ縮み, このため棒材 A には圧縮応力 σ_a, 棒材 B には引張応力 σ_b が生じる. これら σ_a および σ_b はフックの法則より次式で与えられる.

$$\sigma_a = -E_a \frac{a-\delta}{l+a}, \quad \sigma_b = E_b \frac{\delta}{l} \qquad (2.41)$$

また, これらの応力による軸荷重は釣合わなければならない. すなわち
$$\sigma_a A_a + 2 \sigma_b A_b = 0 \qquad (2.42)$$

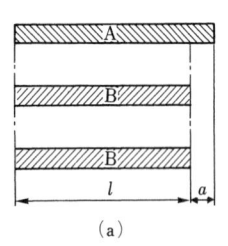

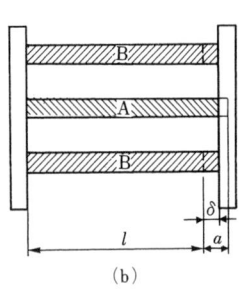

図 2.17 長さが異なる棒で組み立てた構造物

2.4 熱応力問題

式 (2.41) を式 (2.42) に代入すると

$$E_a A_a \frac{a-\delta}{l+a} = 2 E_b A_b \frac{\delta}{l} \qquad (2.43)$$

上式中の $(l+a)$ において，a は l に比べて小さいから省略し，δ について解くと次式となる．

$$\delta = \frac{E_a A_a}{E_a A_a + 2 E_b A_b} a \qquad (2.44)$$

ゆえに，棒材 A の圧縮の初期応力，棒材 B の引張の初期応力は式 (2.44) を式 (2.41) に代入して次式となる．

$$\sigma_a = -E_a \frac{a-\delta}{l+a} = -\frac{2 E_a E_b A_b}{E_a A_a + 2 E_b A_b} \cdot \frac{a}{l}$$

$$\sigma_b = E_b \frac{\delta}{l} = \frac{E_a E_b A_a}{E_a A_a + 2 E_b A_b} \cdot \frac{a}{l} \qquad (2.45)$$

例題 2.11 図 2.17 で，2 種類の棒材は同じ材質で同じ断面積とする．$l = 2$ m，$a = 1$ mm のとき，発生する応力 σ_a, σ_b と伸び δ を求めよ．ただし，$E = 200$ GPa とする．

（解）伸び δ，発生する応力 σ_a, σ_b は式 (2.44)，(2.45) より

$$\delta = \frac{E_a A_a}{E_a A_a + 2 E_b A_b} a = \frac{a}{3} = \frac{1}{3} = 0.333 \text{ mm}$$

$$\sigma_a = -\frac{2 E_a E_b A_b}{E_a A_a + 2 E_b A_b} \cdot \frac{a}{l} = -\frac{2 E_a a}{3 l} = -\frac{2 \times 200 \times 10^9 \times 1 \times 10^{-3}}{3 \times 2}$$

$$= -66.6 \times 10^6 \text{ Pa} = -66.6 \text{ MPa} \quad (\text{圧縮})$$

$$\sigma_b = \frac{E_a E_b A_a}{E_a A_a + 2 E_b A_b} \cdot \frac{a}{l} = \frac{E_a a}{3 l} = \frac{200 \times 10^9 \times 1 \times 10^{-3}}{3 \times 2}$$

$$= 33.3 \times 10^6 \text{ Pa} = 33.3 \text{ MPa} \quad (\text{引張})$$

2.4 熱応力問題

一般に固体は温度が上がれば膨張し，温度が下がれば収縮する性質がある．この温度変化による固体の自由な膨張または収縮が，何らかの拘束によって妨げられると，固体内には妨げられた変形量に対応する応力が発生する．これを**熱応力**（thermal stress）という．温度1℃の変化に伴う単位長さ当たりの変形量を**線膨張係数**（coefficient of linear expansion）といい，それを α で表すことにする．α の単位は $1/℃$ である．主な工業材料の線膨張係数 α の値を表 2.1 に示す．

図 2.18 に示すように長さ l の棒材が両端を間隔一定の剛体壁に固定された場合を考える．この棒材を加熱して温度を $t℃$ 上昇させたとする．もし，このとき棒材の右端が自由であるなら，図 (b) のように自由に膨張し

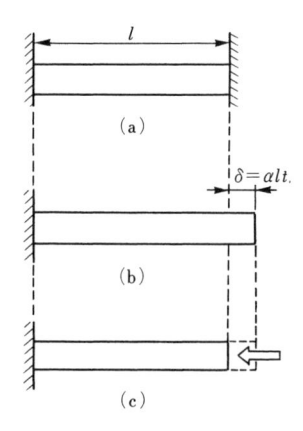

図 2.18 間隔一定の剛体壁に固定された棒が加熱された場合

表 2.1　工業材料の線膨張係数（20℃において）

材　料	$\alpha(\times 10^{-6})$ 1/℃	材　料	$\alpha(\times 10^{-6})$ 1/℃
軟　　　鋼	11.2	黄　　　銅	18.0～23.0
硬　　　鋼	10.7	はんだ（白ろう）	25.0
鋳　　　鉄	8.7～11.1	ポリエステル	55～100
金	14.2	ポリ塩化ビニル	70～80
銀	18.9	メタクリル	70～90
銅	16.6	ガ　ラ　ス	9～10
亜　　　鉛	33.0	コンクリート	7～13
アルミニウム	23.0	弾性ゴム	77
ジュラルミン	22.6	木材（縦）	3～5
ニッケル	12.8	木材（横）	35～60
マグネシウム	25.6	れ　ん　が	3～9

て δ 伸びることになる．この δ は

$$\delta = [線膨張係数] \times [棒材の長さ] \times [上昇（下降）温度]$$
$$= \alpha l t \tag{2.46}$$

として計算される．ところが，実際には棒材は両端を間隔一定の剛体壁に固定されているので伸びることはできない．このことは図 (c) に示すように，長さ $l + \alpha l t$ の棒材が圧縮荷重を受けて $\alpha l t$ 縮められ，原長 l の長さにされたものと考えることができる．よって圧縮ひずみ ε は

$$\varepsilon = \frac{-\alpha l t}{l + \alpha l t} = -\frac{\alpha t}{1 + \alpha t} \tag{2.47}$$

分母の αt は，1に比較して微小であるから省略すると

$$\varepsilon = -\alpha t \tag{2.48}$$

これより，棒材に生じる圧縮応力 σ は次式となる．

$$\sigma = E\varepsilon = -E\alpha t \tag{2.49}$$

このように，棒材に温度変化があったとき，外力を加えないのに，式 (2.49) で与えられるような熱応力が発生することになる．

例題 2.12　温度 30℃ のとき，長さ 30 m のレールが連続して隙間なく敷かれているとする．温度が 60℃ になったときのレールに生じる熱応力 σ を求めよ．また，温度が -20℃ に下がったときのレールの縮み δ はいくらか．レールのヤング率 E は $E = 200$ GPa，線膨張係数 α を $\alpha = 11 \times 10^{-6}$/℃ とする．

（解）　温度上昇による熱応力 σ は，式 (2.49) より

$$\sigma = -E\alpha t = -200 \times 10^9 \times 11 \times 10^{-6} \times (60 - 30) = -66 \text{ MPa}$$

-20℃ になったときのレールの縮み δ は，式 (2.48) を利用して

$$\delta = -\alpha t l = -11 \times 10^{-6} \times (-20 - 30) \times 30 = 16.5 \times 10^{-3} \text{ m} = 16.5 \text{ mm}$$

温度上昇によってレールの隙間がなくなり，自由な膨張が妨げられたレールには大きな圧縮応力が生じる．

2.4 熱応力問題

例題 2.13 長さ 30 cm, 断面積 40 mm² の丸棒がその両端を剛壁に固着されている. 20℃ の温度上昇が生じたときの熱応力と剛壁より丸棒にかかる力を求めよ. 棒材のヤング率は $E=200$ GPa, 線膨張係数 α を $\alpha=11\times10^{-6}/℃$ とする.

（解） 熱応力は式（2.49）より
$$\sigma=-E\alpha t=-200\times10^9\times11\times10^{-6}\times20=-44\times10^6\,\mathrm{Pa}=-44\,\mathrm{MPa}$$
剛壁より受ける力 P は
$$P=\sigma A=-44\times10^6\times40\times10^{-6}=-1{,}760\,\mathrm{N}=-1.76\,\mathrm{kN}$$

例題 2.14 図 2.19 に示すように軟鋼帯板が 2 枚の銅板にはさまれて溶接されている. これを加熱して温度を t℃上昇させれば, 各帯板にはどのような応力が生じるか. ただし, 軟鋼板と銅板の線膨張係数を α_s, α_c とする.

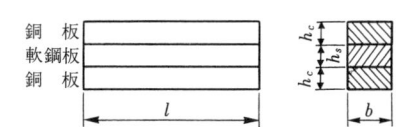

図 2.19　2枚の銅板にはさまれた軟鋼帯板

（解） 軟鋼板と銅板が溶接されていないとすると, 温度上昇による伸び δ_s, δ_c は
$$\delta_s=\alpha_s lt, \quad \delta_c=\alpha_c lt$$
$\alpha_c>\alpha_s$ より, $\delta_c>\delta_s$ である. ところが両者は溶接されているから, 同一の伸び δ になるが, そのため軟鋼板には引張力 P, 銅板には 1 枚当たり $P/2$ の圧縮力を生じる. ゆえに
$$\delta-\alpha_s lt=\frac{Pl}{bh_s E_s}, \quad \alpha_c lt-\delta=\frac{\frac{P}{2}\cdot l}{bh_c E_c}$$
上式を加え合わせて, P について解くと
$$P=\frac{(\alpha_c-\alpha_s)t}{\dfrac{1}{2bh_c E_c}+\dfrac{1}{bh_s E_s}}$$
したがって, 軟鋼板および銅板に生じる熱応力 σ_s, σ_c は
$$\sigma_s=\frac{P}{bh_s}=\frac{(\alpha_c-\alpha_s)t}{\dfrac{1}{E_s}+\dfrac{h_s}{2h_c E_c}}\quad（引張）, \quad \sigma_c=\frac{\frac{P}{2}}{bh_c}=\frac{(\alpha_c-\alpha_s)t}{\dfrac{1}{E_c}+\dfrac{2h_c}{h_s E_s}}\quad（圧縮）$$

2.5 応 力 集 中

断面の一様な長い丸棒を軸方向に引張る場合，軸に垂直な横断面上には引張応力が一様に分布する．しかし，断面の形状や大きさが急変する場合には，その付近の応力の分布は一様でなくなる．たとえば，図2.20(a)，(b)の切欠きを有する丸棒，段付丸棒では断面の大きさが急変し，図(c)の円孔を有する平板では断面の形状が急変する．これら幾何学的な不連続性の他に，不連続な分布荷重，不連続な温度分布による熱応力によっても応力の分布は一様でなくなる．このような場合，その周囲より高い応力が生じ，このことを**応力集中**(stress concentration)という．実際の機械や構造物にはこのような応力集中を生じさせる原因がしばしば存在し，設計の際，これを無視することはできない．

図2.20(c)のように，一様な厚さ t の板に円孔が存在する場合，図に示したような応力分布が生じる．このとき，荷重 P を最小断面積で割った値

$$\sigma_n = \frac{P}{2(b-a)t} \tag{2.50}$$

を**平均応力**(mean stress)または公称応力といい，最大応力 σ_{max} と平均応力 σ_n との比

$$\alpha = \frac{\sigma_{max}}{\sigma_n} \tag{2.51}$$

を**応力集中係数**(stress concentration factor)という．応力がすべて弾性限度内であれば α を**形状係数**(shape factor)という．α は常に1より大きく，主として荷重の作用の仕方と幾何学的形状によって定まる．

例題 2.15 図2.21に示すような1円孔をもつ無限板が，x 方向にのみ一様な応力 σ で引張られているとき，この板に生ずる応力を r-θ 座標で表示したとすると，その内の円周方向応力 σ_θ は次のように示される．

$$\sigma_\theta = \frac{\sigma}{2}\left(1+\frac{a^2}{r^2}\right) - \frac{\sigma}{2}\left(1+\frac{3a^4}{r^4}\right)\cos 2\theta$$

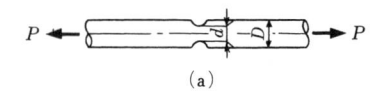

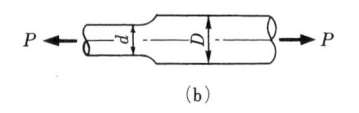

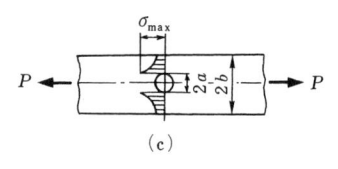

図 2.20 断面の形状が急変する部分をもつ棒

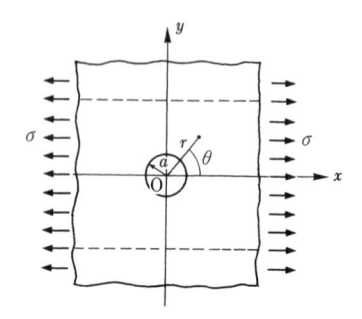

図 2.21 1円孔をもつ無限板

このことを利用して，次の問に答えよ．
(1) y 軸上の応力 σ_θ の分布を求め，その最大値 $\sigma_{\theta\max}$ とその発生点を求めよ．
(2) この板の応力集中係数 α を求めよ．

(解)
(1) y 軸上の応力 σ_θ は，σ_θ の式に $\theta=\pi/2$ とおいて
$$(\sigma_\theta)_{\theta=\pi/2}=\sigma+\frac{a^2}{2r^2}\sigma+\frac{3a^4}{2r^4}\sigma$$
この分布は，図 2.22 のようになり，明らかにその最大値 $\sigma_{\theta\max}$ は $r=a$ で生じ，その値は次のようになる．
$$\sigma_{\theta\max}=3\sigma$$
(2) 応力集中係数の式 (2.51) より
$$\alpha=\frac{\sigma_{\max}}{\sigma_n}=\frac{3\sigma}{\sigma}=3$$

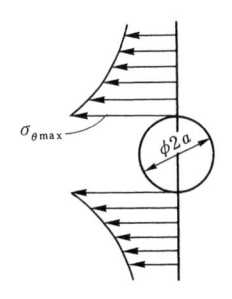

図 2.22 円孔付近の応力分布

2.6　内圧を受ける薄肉円筒

内径に比べて肉厚が薄い円筒を薄肉円筒（thin walled cylinder）といい，これがガスや流体などの内圧を受ける場合の応力について考える．

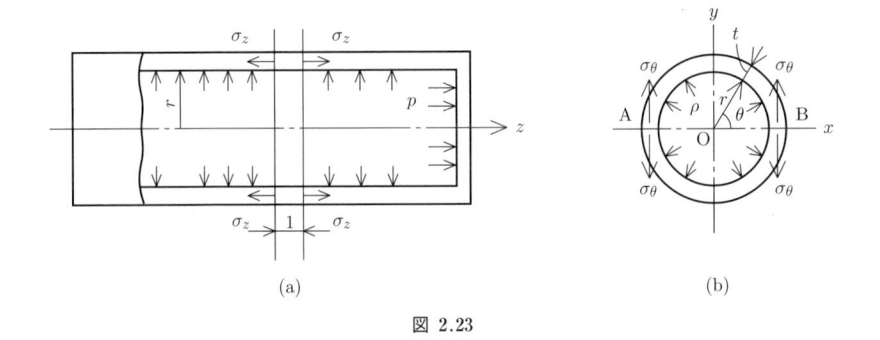

図 2.23

図 2.23 のように内半径 r，肉厚 t の円筒に内圧 p が作用すると，内壁は一様分布した圧縮力を受けていることになる．そのため，次の 3 種類の応力が生ずる．

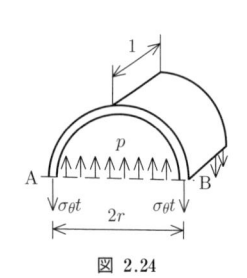

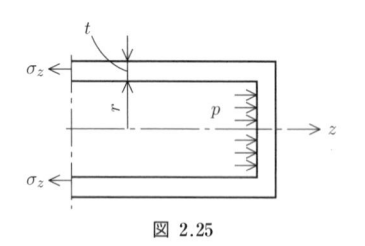

(i) 円周方向に生ずる応力：σ_θ　内壁は内圧によって外側に押し広げられるため，円筒の円周方向に引張られる．この力による円周方向の応力は円周応力（circumferential stress）あるいはフープ応力（hoop stress）とも呼ばれる．図（b）のように，断面 AB に垂直に作用する応力である．

(ii) 軸方向に生ずるの応力：σ_z　円筒の両端面は閉じているので両端面に圧縮力が作用する．このため，図（a）に示すように，円筒の軸方向には引張応力で軸応力（axial stress）と呼ばれる応力が生ずる．

(iii) 半径方向の応力：σ_r　内壁に垂直な半径方向に生ずる応力で，半径方向の応力（radial stress）と呼ばれ，内壁で $\sigma_r = -p$，外壁で $\sigma_r = 0$ である．この応力は σ_θ および σ_z に比べてはるかに小さな値となるため，以後無視することにする．

まず，円周方向に生ずる応力 σ_θ を求めるため，図 2.24 のように軸方向に単位長さの円輪をとり，さらに直径 AB を含む面で切った半円の円輪について釣合いを考える．

内圧 p の合力は上向きで $2\int_0^{\frac{\pi}{2}} pr\sin\theta d\theta = 2rp$ であり，これと A，B 点における下向きの円周方向に生ずる力 $2\sigma_\theta t$ が釣合うから

$$2\sigma_\theta t = 2rp$$
$$\therefore \quad \sigma_\theta = \frac{pr}{t} \tag{2.52}$$

次に，軸応力 σ_z を求めるには，図 2.25 のように円筒を z 軸に垂直な断面で切断して，z 軸方向の力の釣合いを考える．

$$\pi r^2 p = 2\pi r t \sigma_z$$
$$\therefore \quad \sigma_z = \frac{pr}{2t} \tag{2.53}$$

これより，薄肉円筒では円周応力 σ_θ は軸応力 σ_z の 2 倍であるから，設計には当然，式（2.52）に基づいて行わねばならない．

例題 2.16　内半径 100 mm，肉厚 2 mm のふた付き薄肉円筒に内圧 1.2 MPa がかかっている．両端から十分離れた円筒部における円周応力と軸応力をそれぞれ求めよ．

（解）　円周応力 σ_θ は式（2.52）に内半径 $r = 100$ mm $= 100 \times 10^{-3}$ m，肉厚 $t = 2$ mm $= 2 \times 10^{-3}$ m，内圧 $p = 1.2$ MPa $= 1.2 \times 10^6$ Pa を用いて

$$\sigma_\theta = p \times \frac{r}{t} = (1.2 \times 10^6) \times \frac{100 \times 10^{-3}}{2 \times 10^{-3}} = 1.2 \times 50 \times 10^6 = 60 \times 10^6 \text{ Pa} = 60 \text{ MPa}$$

となる．また軸応力 σ_z は式（2.53）より

$$\sigma_z = \frac{p}{2} \times \frac{r}{t} = \frac{1.2 \times 10^6}{2} \times \frac{100 \times 10^{-3}}{2 \times 10^{-3}} = 0.6 \times 50 \times 10^6 = 30 \times 10^6 \text{ Pa} = 30 \text{ MPa}$$

となる．

2.6 内圧を受ける薄肉円筒

例題 2.17 図2.26 (a) のような厚さ t のタイヤに，剛体とみなせる軸（図 (b)）を圧入する場合，次の問いに答えよ．ただし $d_2 > d_1$，$d_1 \gg t$ で，タイヤのヤング率を E とする．

（i）圧入によるタイヤの伸び（すなわち円周方向のひずみ）を考え，タイヤに生ずる円周方向応力 σ_θ を求めよ．

（ii）圧入によってタイヤと軸の間に圧力 p が図 (c) のように生ずる．

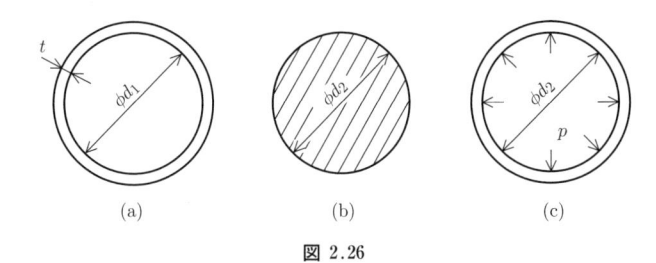

図 2.26

（解）（i）タイヤに生ずる円周方向のひずみは ε は

$$\varepsilon = \frac{\text{変形後のタイヤの円周} - \text{タイヤの元の円周}}{\text{タイヤの元の円周}}$$

$$= \frac{\pi d_2 - \pi d_1}{\pi d_1} = \frac{d_2 - d_1}{d_1}$$

よってタイヤに生ずる円周方向応力 σ_θ は

$$\sigma_\theta = E\varepsilon = \frac{d_2 - d_1}{d_1} E$$

（ii）（i）で求めた応力は円周方向の応力であるから，応力と圧力の関係式（2.52）より

$$\sigma = \frac{pr}{t} = \frac{pd_2}{2t}$$

上式に（i）で求めた σ を代入し，p について解くと

$$p = \frac{2(d_2 - d_1)Et}{d_1 d_2}$$

演習問題

2.1 図2.27に示すように，長さ2mの鋼線（直径2mm）と長さ3mの銅線（直径3mm）とをつないで，荷重400Nで引張ったとき，全体の伸びはどれほどになるか．ただし，鋼と銅のヤング率をそれぞれ $E_s = 200\,\mathrm{GPa}$ および $E_c = 120\,\mathrm{GPa}$ とする．

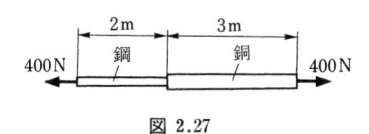

図 2.27

2.2 図 2.28 に示すように，長さの等しい鋼線（直径 2 mm）と銅線（直径 3 mm）とを合わせ，$P=1$ kN の力で引張った．生ずる伸びが同じとき，鋼線および銅線に生ずる応力を求めよ．ただし，鋼と銅のヤング率をそれぞれ $E_S=200$ GPa および $E_C=120$ GPa とする．

図 2.28

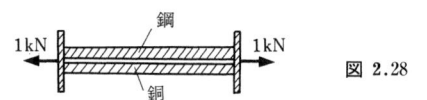

2.3 図 2.29 に示すような台を作製し，その上に $P=8$ kN の荷重を作用させたとき，全体はどれほど縮むか．直径および長さはそれぞれ $d_1=30$ mm，$d_2=40$ mm および $l_1=400$ mm，$l_2=600$ mm とする．またプラスチックおよび鋼のヤング率をそれぞれ $E_P=4$ GPa および $E_S=200$ GPa とする．なお，自重は無視する．

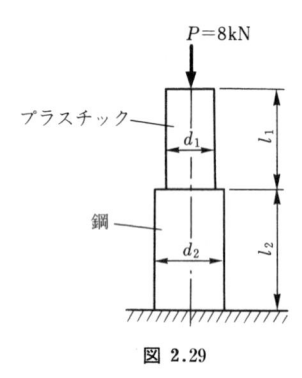

図 2.29

2.4 図 2.30 に示すように，3 本の垂直なケーブルが点 A，B，C で剛体棒を水平に保持している．3 本のケーブルの直径や材質は同一である．ケーブル B と C の長さは同じで l であり，ケーブル A の長さは $2l$ である．荷重 P が棒の中央に作用するとき，棒が水平を保つようにケーブル A と B の間隔 x を求めよ．

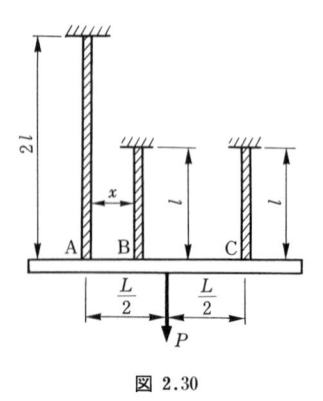

図 2.30

演習問題

2.5 天井から吊るされている銅線で，天井での応力が 3 MPa であった．銅線の長さ l および伸び δ はどれほどか．ただし，銅線の密度 $\rho=8.9\times 10^3 \mathrm{kg/m^3}$，ヤング率 $E=120$ GPa とする．

2.6 図 2.31 は，ある 2 階建ての建物の支柱部分を示している．天井荷重 P_2 は 400 kN，2 階の床荷重 P_1 は 700 kN である．また，どの支柱も長さ $a=3.75$ m である．さらに，2 階部分の支柱の断面積は 40 cm^2，1 階部分の支柱の断面積は 120 cm^2 である．天井部分 C での下向き変位 δ_C はどれほどか．また，δ_C が 4.0 mm を超えてはいけないとすると，天井部分 C には，さらにどれだけの荷重 P を追加することができるか．ただし，ヤング率を $E=200$ GPa とする．

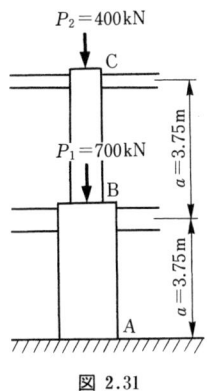

図 2.31

2.7 図 2.32 に示すように，鋼線をあらかじめ P なる荷重で引張っておき，この状態でコンクリートを流し込み，固まった後 P を除去する．これはコンクリートが引張に対してきわめて弱いので，あらかじめ圧縮応力を生じさせておいて，引張に弱い欠点を補うためである．このようにしてできたものをプレストレスド・コンクリート（pre-stressed concrete）という．鋼線およびコンクリートのヤング率を E_s, E_c, 断面積を A_s, A_c としたとき生じる応力 σ_s, σ_c は次式となることを示せ．

$$\sigma_S = \frac{A_C E_C}{A_S(A_S E_S + A_C E_C)}P, \quad \sigma_C = -\frac{E_C}{A_S E_S + A_C E_C}P$$

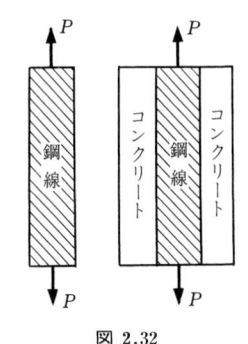

図 2.32

2.8 図 2.33 に示すように，密度 ρ の石を 2 段積みにして高さ l の石柱を作る．上部に荷重 P を作用させるとき，各段に生ずる応力を許容応力 σ_a に等しくなる

ように断面積をとるとして，この石柱の体積を最小にするには，l_1 と l_2 にはどのような関係が必要か．

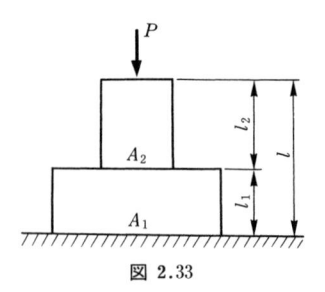

図 2.33

2.9 外径 10 cm，内径 8 cm の管の両端を固定して，温度を 40℃ 上昇させたときに固定端に生じる力を求めよ．ただし，$E = 200$ GPa，$\alpha = 1.2 \times 10^{-5}$ とする．

2.10 気温 10℃ で長さ 10 m のレールがある．隣のレールとの間に 5 mm の隙間があけてある．気温が 30℃ になったとき，隙間はいくらになるか．また，このレールに隙間がないとすれば，レールに生ずる熱応力はいくらか．ただし，$E = 200$ GPa，$\alpha = 1.2 \times 10^{-5}$ とする．

2.11 図 2.34 に示すように，直径 $d = 4$ cm，長さ 30 cm の鋼棒と等しい直径で，長さ 40 cm の銅棒を突き合わせ，温度 20℃ において両端を固定した．いま，これらが 80℃ になったとすると接合点はいくらずれるか．また，発生する応力を求めよ．ただし，鋼，銅のヤング率，線膨張係数をそれぞれ $E_S = 200$ GPa，$E_C = 120$ GPa および $\alpha_S = 11.2 \times 10^{-6}$，$\alpha_C = 16.6 \times 10^{-6}$ とする．

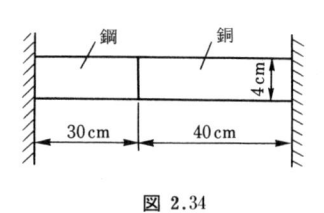

図 2.34

2.12 図 2.35 に示すように，厚さ 0.5 cm，幅 5 cm の板の中央に直径 1 cm の丸い孔があいている．この板を $P = 10$ kN で引張ったとき，板に生ずる最大応力 σ_{max} およびこの板の形状係数 α の値を求めよ．

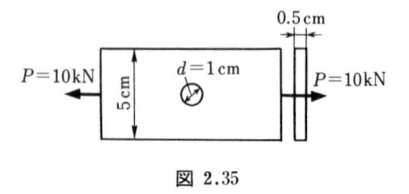

図 2.35

演習問題

2.13 図 2.36 に示すように，内半径 10 m の円筒形の貯水タンクがあり高さ 10 m まで水を満たすことができる．この貯水タンクは鋼材から成りその許容引張応力が 70 MPa であるとする．この貯水タンクの壁厚をどのように設計すべきか検討し，タンク底面付近および底面から高さ 6 m の位置での壁厚を求めよ．なお，水の密度を 1000 kg/m^3，重力加速度を 9.8 m/s^2 としてよい．

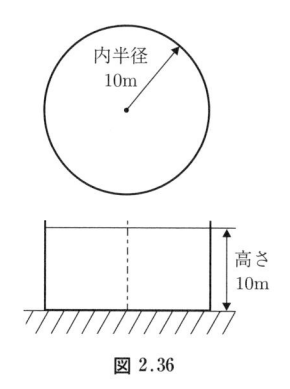

図 2.36

2.14 内半径 3.25 m の胴体を有する旅客機がある．高度 12000 m を飛行中に客室内を 0.82 気圧に与圧するとき，胴体外板に生ずる円周応力が 110 MPa を越えないようにするには板厚をいくら以上にすべきか．なお高度 12000 m における大気圧を 0.19 気圧とし，1 気圧 = 1.013 × 10^5 Pa としてよい．

3 は　　り

引張や圧縮の荷重は棒の軸に沿って作用したが，はりでは軸に垂直に作用する．この荷重は小さくても大きな応力を生じさせる．このことは，棒を引張っても破断させることは難しいが，曲げると簡単に破断させることができることからもわかる．

荷重を受けて変形したはり内部には引張と圧縮の応力が生じている．このことは，はり内部の応力が一様でないことを意味しており，このような応力分布と曲げモーメントはどのような関係があるのか，また，はりの変形量はどのようにして求めるのかという方法についてこの章で考える．

3.1　はりとその支持条件

3.1.1　はりの種類

棒の軸線に対して直角に作用する荷重を**横荷重**（lateral load）といい，この横荷重を受ける棒のことを**はり**（beam）という．このはりは大別して，図3.1(a)に示す**片持はり**（cantilever）と図(b)の**単純支持はり**（simply supported beam）の2種類がある．片持はりは一端Aが固定で，他端Bが自由であり，一方，単純支持はりは一端Aが回転自由で，他端Bは移動可能な支点である．そして，P，M_0のような1点に集中して作用する集中荷重や，qのようなある長さにわたって分布する分布荷重を受け持つことができる．

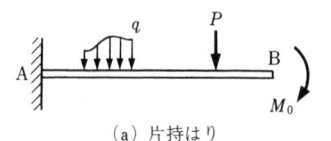

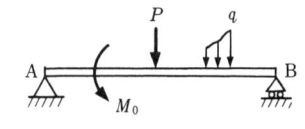

3.1.2　はりの支持条件

はりに作用する荷重やモーメントは支点によって支えられる．支点の種類は図3.2のように固定支点，回転支点および移動支点の3種類があり，それぞれ図に示したような反力が生ずる．

① 移動支点：自由に平行移動可能な支点．反力はYのみ．
② 回転支点：自由に回転可能な支点．反力はXとY．
③ 固定支点：平行移動も回転も不可能な支点．反力はX，Yさらに反モーメントM．

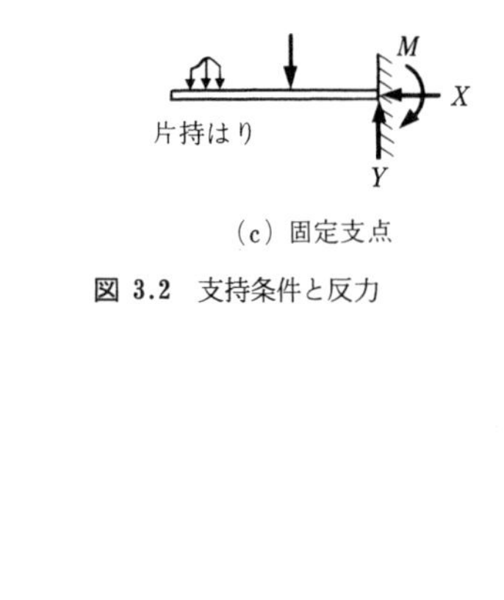

図3.2で示される片持はりでは，固定支点のみだから反力はX，Y，Mの3個，単純支持はりでは，移動支点に垂直反力1個，回転支点に垂直反

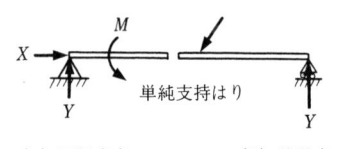

力と水平反力2個の合わせて3個の反力が生じている．

はりでは，力の釣合いを考えて支点の反力を求めることから始める．これらの反力は静力学的な力の釣合い条件，すなわち，次式によって求める．

水平方向の力の釣合い　　　　$\sum X_i = 0$
垂直方向の力の釣合い　　　　$\sum Y_i = 0$　　　　　　　　(3.1)
任意の点のモーメントの釣合い　$\sum M_i = 0$

この式 (3.1) によって反力を求めることができるはりを**静定はり**（statically determinate beam）と呼ぶ．釣合い条件だけでは反力を求めることができないはりを**不静定はり**（statically indeterminate beam）と呼ぶ．不静定はりはさらに変形を考慮すれば反力を求めることができるが，ここでは静定はりだけを扱う．

例題 3.1　図 3.3 に示す片持はりの先端に集中荷重 P が作用するとき，固定支点に生ずる反力を求めよ．

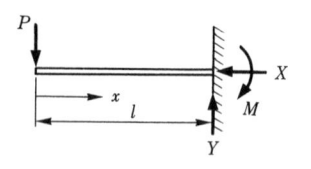

図 3.3 片持はりの反力

（解）固定支点には，垂直反力 Y，水平反力 X およびモーメント M が生ずる．

垂直方向の力の釣合いより　　　$Y = P$
水平方向の力の釣合いより　　　$X = 0$
モーメントの釣合いより　　　　$M = Pl$

例題 3.2　図 3.4 に示す単純支持はりに集中荷重 P が作用するとき，各支点に生ずる反力を求めよ．

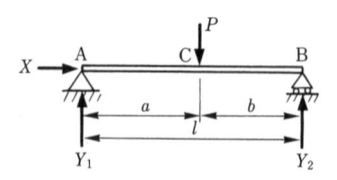

図 3.4 単純支持はりの反力

（解）回転支点には垂直反力 Y_1 と水平反力 X，移動支点には垂直反力 Y_2 が生ずる．

垂直方向の力の釣合いより　　　　　　　$Y_1 + Y_2 = P$　　　　(1)
水平方向の力の釣合いより　　　　　　　$X = 0$　　　　　　　(2)
A 点回りのモーメントの釣合いより　　　$Y_2 \cdot l = a \cdot P$　　　　(3)

以上より
$$Y_1 = bP/l, \quad Y_2 = aP/l, \quad X = 0$$

例題 3.3 図 3.5 に示す単純支持はりに斜め方向から，集中荷重が作用するとき，各支点に生ずる反力を求めよ．

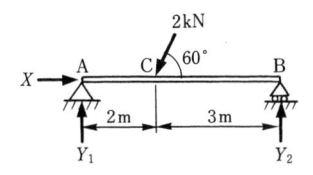

図 3.5 単純支持はりの反力

（解） 回転支点には垂直反力 Y_1 と水平反力 X, 移動支点には垂直反力 Y_2 が生ずる．傾斜荷重 2 kN を水平，垂直方向に分解して力の釣合い式を作る．

垂直方向の力の釣合いより　　　　　$Y_1 + Y_2 = 2\sin 60°$
水平方向の力の釣合いより　　　　　$X = 2\cos 60°$
A 点回りのモーメントの釣合いより　$Y_2 \times 5 = 2\sin 60° \times 2$

以上より

$$Y_1 = 1.04 \text{ kN}, \quad Y_2 = 0.69 \text{ kN}, \quad X = 1 \text{ kN}$$

例題 3.4 図 3.6 に示す片持はりに等分布荷重が作用するとき，固定支点に生ずる反力を求めよ．

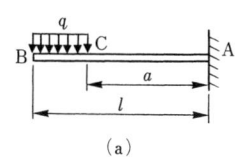

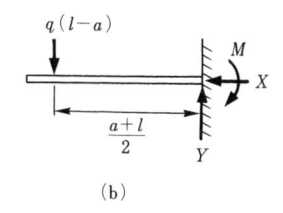

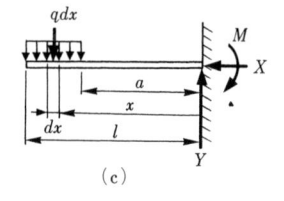

図 3.6 片持はりの反力

（解） 固定支点には，垂直反力 Y, 水平反力 X およびモーメント M が生ずる．

等分布荷重を力学的に等価な集中荷重に置き換えると，$q(l-a)$ の集中荷重が固定支点より $(a+l)/2$ の位置に作用することになる．

垂直方向の力の釣合いより　　　　　$Y = q(l-a)$

水平方向の力の釣合いより $\qquad X=0$

モーメントの釣合いより $\qquad M=q/2\cdot(l-a)(l+a)$

(別解) 固定支点より x 離れた長さ dx の微小領域に $q\cdot dx$ の集中荷重が作用している．

垂直方向の力の釣合いより $\quad Y=\int_a^l qdx=q(l-a)$

水平方向の力の釣合いより $\quad X=0$

モーメントの釣合いより

$$M=\int_a^l qdx\cdot x=q\int_a^l xdx=q\left[\frac{x^2}{2}\right]_a^l=\frac{q}{2}(l^2-a^2)$$

3.2　はりのせん断力と曲げモーメント

3.2.1　せん断力と曲げモーメント

図 3.7 に示す単純支持はりで，はりの左端を座標原点として，はりの長手方向を x 軸に，下向きを z 軸に，紙面に垂直の向きを y 軸にとる．

原点から $x(0<x<a)$ 離れたところではりを仮想的に切断し，図 3.8 に示すように左側の部分を取り出す．

左側の部分が釣合いの状態を保つためには切断した断面に，せん断力 V と曲げモーメント M が生じていなければならない．ゆえに，この場合は，$0<x<a$ で，$V=Y_1$，$M=Y_1\cdot x$ となる．なお，このせん断力 V や曲げモーメント M ははりの長手方向 x の関数である．

軸荷重において引張荷重を正，圧縮荷重を負と定義したように，せん断力 V と曲げモーメント M に関しても正負の符号を定義しておくことにする．図 3.9 に示すように，せん断力 V はある断面の右側の部分が下向きに押し下げられる場合を正と約束する．また，曲げモーメントについては，

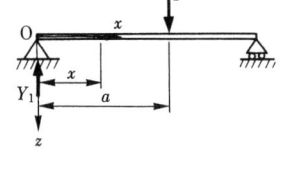

図 3.7　単純支持はりの座標軸

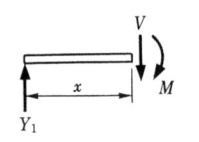

図 3.8　任意断面でのせん断力と曲げモーメント

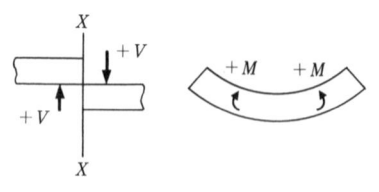

(a) 正の場合

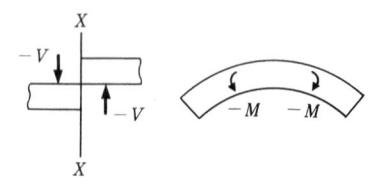

(b) 負の場合

図 3.9　せん断力と曲げモーメントの正値の定義

はりが下に凸に曲がる場合を正と定義する．なお，通常水平に支えられたはりでは集中荷重 P または分布荷重 q の垂直成分は下向きを正，支点反力の垂直成分は上向きを正とする．

3.2.2 せん断力図と曲げモーメント図

前項ではりの断面にはせん断力と曲げモーメントが生じていることがわかった．そこではり全体にこれらのせん断力や曲げモーメントがどのように分布しているかを正確に把握する必要がある．本項ではそれについて説明する．はりに生ずるせん断力の分布図のことを**せん断力図**（shearing force diagram：SFD），また，曲げモーメントの分布図を**曲げモーメント図**（bending moment diagram：BMD）という．最も基本的で重要な6種類の場合について，せん断力と曲げモーメントの分布を求めていくことにする．

（1） 片持はりの先端に集中荷重が作用する場合（図 3.10）

先端から x 離れた断面を仮想的に切断する．左側の部分を取り出すと，図 (b) となる．切断面にはせん断力 V と曲げモーメント M が存在する．この部分が釣合うためには

垂直力の釣合い条件より　　　$V = -P$ 　　　　　(3.2)

モーメントの釣合い条件より　$M = -Px$ 　　　　　(3.3)

なお，せん断力 V は左側の部分が下向きに押し下げられるから，−を，曲げモーメント M は上に凸に曲がるから，−の符号を付ける．

式 (3.2) からせん断力図（SFD）が，式 (3.3) から曲げモーメント図（BMD）が，おのおの，図 (c)，(d) のように描ける．図 (d) より，曲げモーメントが最大となる位置は固定端であることがわかる．

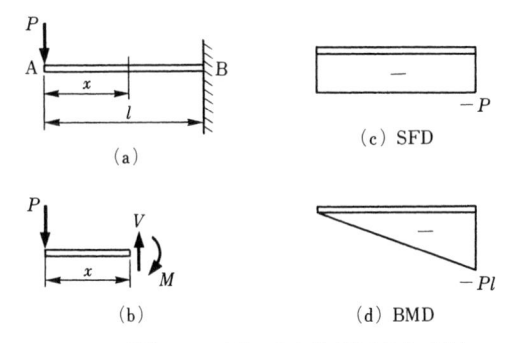

図 3.10 片持はりの先端に集中荷重が作用する場合

例題 3.5 図3.11に示すように，長さ2mの片持はりの先端に$P=100\,\text{N}$の集中荷重が作用するとき

① SFD，BMDを描け．
② 先端から，$x=0\,\text{m}, 1\,\text{m}, 2\,\text{m}$(固定端)の位置での曲げモーメントを求めよ．

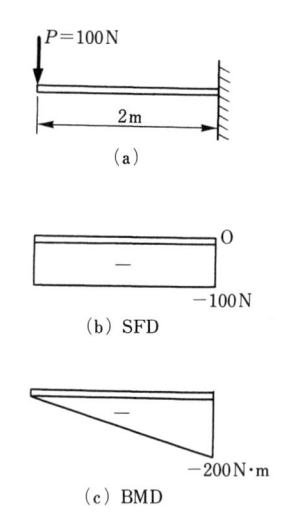

図 3.11 片持はりの先端に集中荷重が作用する場合

（解） 先端からx離れた位置でのせん断力Vと曲げモーメントMは次式となる．

$$V = -100\,\text{N}$$
$$M = -100 \times x = -100 \cdot x\,\text{Nm} \quad (1)$$

① 式（1）より，SFD，BMDを描くと図（b），（c）のようになる．
② 式（1）に$x=0, 1, 2\,\text{m}$を代入すると，次の表のようになる．

	$x=0\,\text{m}$	$x=1\,\text{m}$	$x=2\,\text{m}$
M	$0\,\text{Nm}$	$-100\,\text{Nm}$	$-200\,\text{Nm}$

（2） 片持はりに等分布荷重が作用する場合（図3.12）

一様に分布している分布荷重のことを等分布荷重と呼ぶ．等分布荷重は単位長さ当たりの荷重の大きさ$q(\text{N/m})$で表される．

先端からx離れた断面を仮想的に切断する．図（b）のように左側の部分を取り出すと，切断面にはせん断力Vと曲げモーメントMが存在する．次に，図（c）のように等分布荷重を力学的に等価な集中荷重qxに置き換え，それがその長さxの中央の位置に作用すると考える．この部分が釣合うためには

垂直力の力の釣合い条件より $\quad V = -qx \quad (3.4)$

モーメントの釣合い条件より $\quad M = -qx \cdot \left(\dfrac{x}{2}\right) = -\dfrac{q}{2} \cdot x^2 \quad (3.5)$

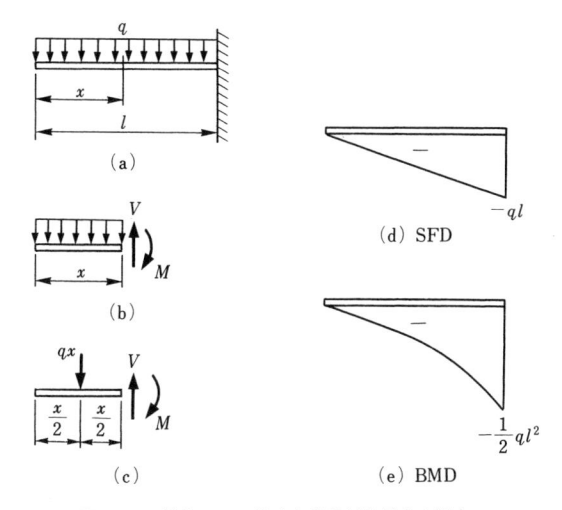

図 3.12 片持はりに等分布荷重が作用する場合

式 (3.4) から SFD が，式 (3.5) から BMD がおのおの図 (d)，(e) のように描ける．この場合も曲げモーメントが最大となる位置は固定端である．

例題 3.6 図 3.13 に示す部分等分布荷重を受ける片持はりの SFD，BMD を描け．

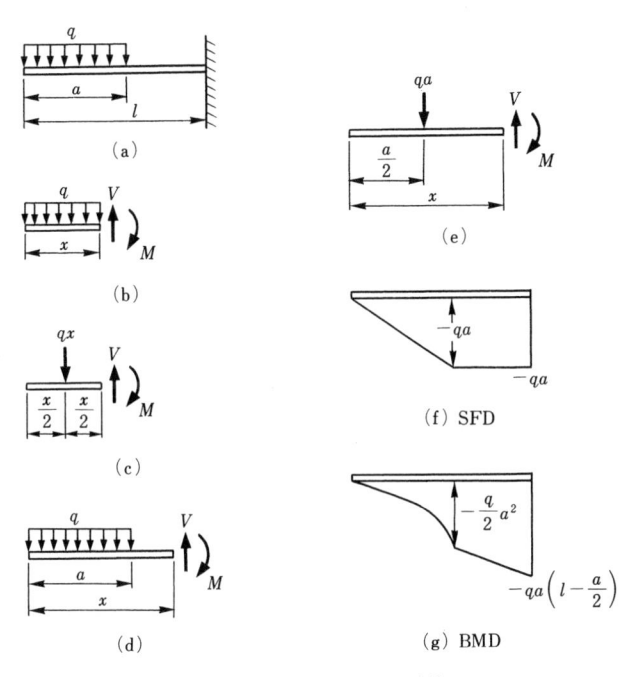

図 3.13 部分等分布荷重を受ける片持はり

(**解**) 先端から$x(0<x<a)$離れた断面を仮想的に切断する．図(b)のように左側の部分を取り出すと，切断面にはせん断力Vと曲げモーメントMが存在する．次に，図(c)のように等分布荷重を力学的に等価な集中荷重qxに置き換え，それがその長さxの中央の位置に作用すると考える．この部分が釣合うためには

$$V = -qx \qquad (0 \leq x \leq a) \qquad (1)$$

$$M = -q/2 \cdot x^2 \qquad (0 \leq x \leq a) \qquad (2)$$

次に，先端からx離れた，等分布荷重が作用していない（すなわち，$a \leq x \leq l$）断面を仮想的に切断する．図(d)のように左側の部分を取り出すと，切断面にはせん断力Vと曲げモーメントMが存在する．図(e)のように等分布荷重を力学的に等価な集中荷重qaに置き換えると，それはその長さaの中央の位置に作用することになる．この部分が釣合うためには

$$V = -qa \qquad (a \leq x \leq l) \qquad (3)$$

$$M = -qa\left(x - \frac{a}{2}\right) \qquad (a \leq x \leq l) \qquad (4)$$

式（1）と（3）からSFDが，式（2）と（4）からBMDが図(f)，(g)のように描ける．

（3） 片持はりの先端にモーメントが作用する場合（図3.14）

片持はりの先端にモーメントM_0が作用する場合を考える．図(b)のように先端からx離れた断面を仮想的に切断し，左側の部分を取り出して力の釣合いを考えると

$$V = 0 \qquad (3.6)$$

$$M = M_0 \qquad (3.7)$$

SFD，BMDは図(c)，(d)のようになる．

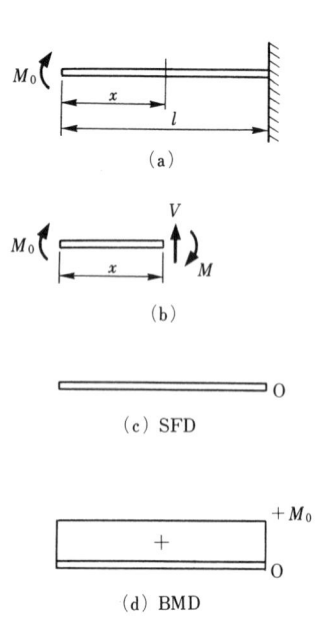

図 3.14 片持はりの先端にモーメントが作用する場合

3.2 はりのせん断力と曲げモーメント

（4）単純支持はりに集中荷重が作用する場合（図3.15）

単純支持はりの支点間距離 AB を**スパン**（span）という．A 点，B 点での反力は例題 3.2 で算出したように次式である．

$$Y_1 = \frac{bP}{l}, \quad Y_2 = \frac{aP}{l}$$

集中荷重 P を境界にしてはりを AC 間と BC 間の 2 つに分けて考える必要がある．まず，集中荷重の左側，原点 A から $x(0 \leq x \leq a)$ の位置ではりを仮想的に切断すると，図 (b) のようになる．力の釣合いより次式が得られる．

AC 間　$(0 \leq x \leq a)$

$$V = Y_1 = \frac{bP}{l}$$
$$M = Y_1 \cdot x = \frac{bP}{l} x \tag{3.8}$$

次に，集中荷重の右側，原点 A から $x(a \leq x \leq l)$ の位置ではりを仮想的に切断すると，図 (c) のようになる．力の釣合いより，次式が得られる．

CB 間　$(a \leq x \leq l)$

$$V = Y_1 - P = -\frac{aP}{l}$$
$$M = Y_1 x - P(x-a) = \frac{bP}{l} x - P(x-a) = \frac{aP}{l}(l-x) \tag{3.9}$$

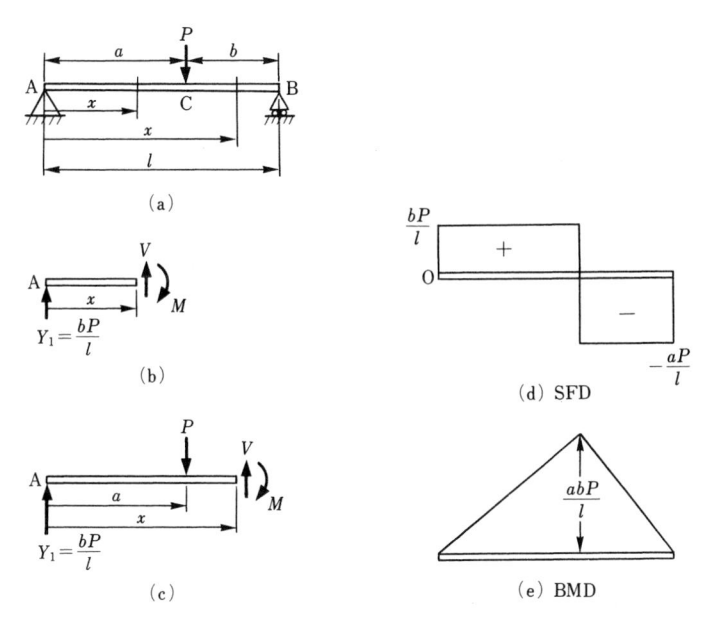

図 3.15　単純支持はりに集中荷重が作用する場合

式 (3.8), (3.9) より SFD, BMD は図 (d), (e) のようになる. なお, 最大曲げモーメントは荷重点に生じ, 次のようになる.

$$M_{\max} = \frac{ab}{l} P \tag{3.10}$$

例題 3.7 図 3.16 に示す 2 つの対称な集中荷重を受ける単純支持はりの SFD, BMD を描け.

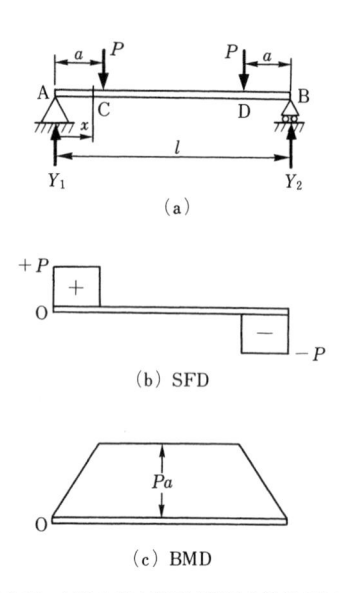

図 **3.16** 対称な集中荷重を受ける単純支持はり

（解） 左右対称なはりなので支点 A, B の反力は $Y_1 = Y_2 = P$ である.
はりを 3 つの領域に分け, 左端（原点）A からの距離を x とすると
AC 間 $(0 \leqq x \leqq a)$

$$V = P, \quad M = Px$$

CD 間 $(a \leqq x \leqq l-a)$

$$V = 0, \quad M = Px - P(x-a) = Pa \tag{3.11}$$

DB 間 $(l-a \leqq x \leqq l)$

$$V = -P, \quad M = Px - P(x-a) - P(x-l+a) = P(l-x)$$

以上より, 図 (b), (c) の SFD と BMD を得る.
このはりの特長は CD 間に一定の大きさの曲げモーメントを生ずることにある. 回転曲げ疲労試験機の構造はこの性質を利用して作られている. すなわち, 一様曲げを受ける CD 部に試験片, AC 部, BD 部がチャック部となり, 三者が一体となり回転する構造である.

（5） **単純支持はりに等分布荷重が作用する場合**（図3.17）

等分布荷重をはり全体が受けるから，反力 Y_1, Y_2 は等しく，$Y_1=Y_2=ql/2$ である．図(b)のように，左端から x 離れた断面を仮想的に切断し，左側の部分を取り出すと切断面にはせん断力 V と曲げモーメント M が存在する．次に，図(c)のように等分布荷重を力学的に等価な集中荷重 qx に置き換え，それがその長さ x の中央の位置に作用すると考えると

$$V = \frac{ql}{2} - qx = q\left(\frac{l}{2} - x\right)$$
$$M = \frac{ql}{2}x - qx \cdot \frac{x}{2} = -\frac{q}{2}(x^2 - lx) \tag{3.12}$$

以上より，図(d)，(e)の SFD，BMD を得る．はり中央でせん断力がゼロ，曲げモーメント M が最大となることがわかる．

$$M_{\max} = (M)_{x=l/2} = \frac{ql^2}{8} \tag{3.13}$$

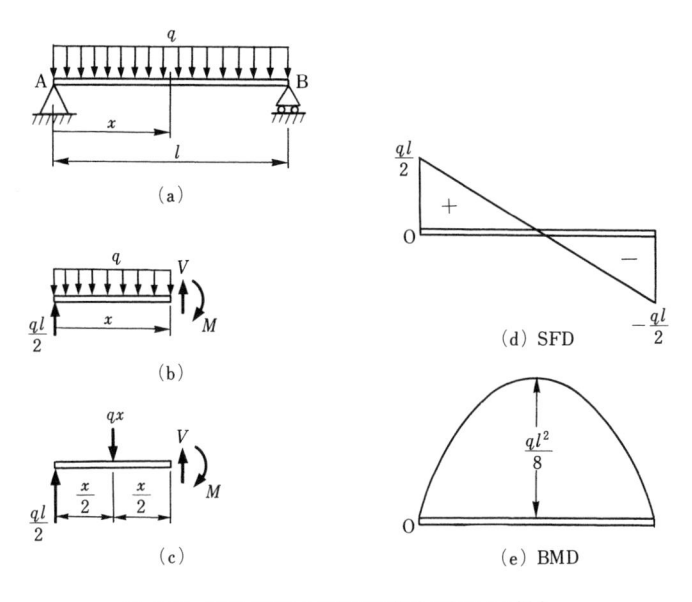

図 3.17 単純支持はりに等分布荷重が作用する場合

(6) 単純支持はりの両端にモーメントが作用する場合（図3.18）

作用するモーメント M_A, M_B は大きさが $M_A > M_B$ とする．支点に生ずる反力 Y_1, Y_2 は

垂直力の釣合いより
$$Y_1 + Y_2 = 0$$

B点でのモーメントの釣合いより
$$M_B = M_A - Y_1 l$$

以上より
$$Y_1 = \frac{M_A - M_B}{l}, \quad Y_2 = \frac{-M_A + M_B}{l}$$

図 (b) のように左端 A（原点）から x 離れた位置ではりを切断し，左側の部分を取り出すと，切断面に生ずる V と M は

$$V = \frac{M_A - M_B}{l}, \quad M = \frac{M_A - M_B}{l} x - M_A \tag{3.14}$$

以上より，図 (c), (d) の SFD, BMD を得る．

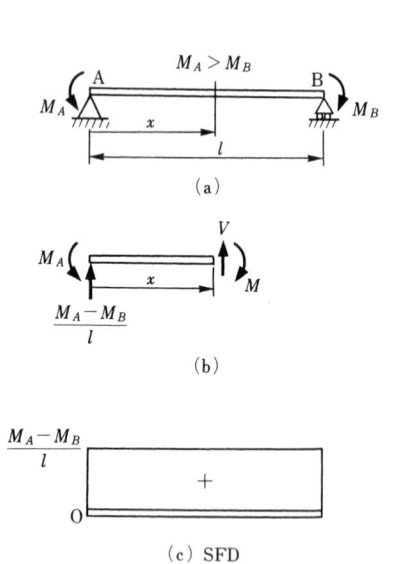

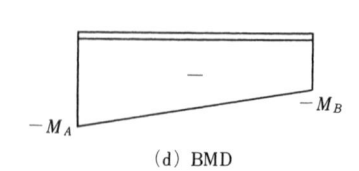

図 3.18 単純支持はりの両端にモーメントが作用する場合

例題 3.8 図 3.19 に示す対称な集中荷重 P を受ける両端突出しはりの SFD と BMD を描け.

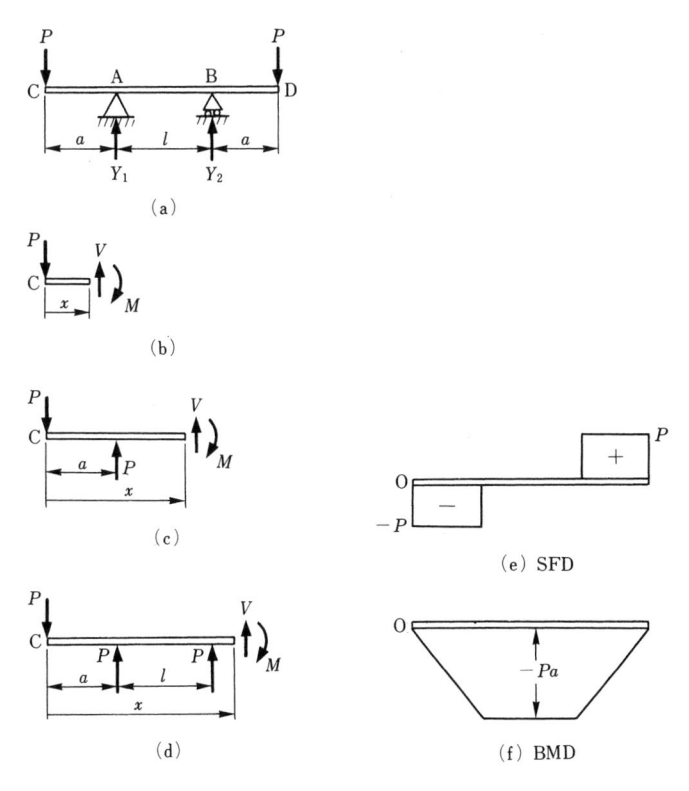

図 3.19 対称な集中荷重を受ける両端突出しはり

(**解**) 支点反力 Y_1, Y_2 は対称性より等しく, $Y_1 = Y_2 = P$ である. C 点を座標原点とし, はり長手方向を x 軸にとり, CA 間, AB 間, BD 間の 3 つの領域を仮想的に切断する.

① CA 間 $(0 \leq x \leq a)$

図 (b) より, V, M は

$$V = -P, \quad M = -Px$$

② AB 間 $(a \leq x \leq a+l)$

図 (c) より, V, M は

$$V = P - P = 0, \quad M = -Px + P(x-a) = -Pa$$

③ BD 間 $(a+l \leq x \leq 2a+l)$

図 (d) より, V, M は

$$V = P, \quad M = -Px + P(x-a) + P(x-a-l) = P(x-2a-l)$$

以上より, 図 (e), (f) の SFD, BMD を得る.

この結果から, 本例題は例題 3.7 と同様に一様曲げが生じていることがわかる. 逆に, はりに一様な曲げモーメントを負荷したい場合には, このような負荷方法が採用されることを知っておくと便利である.

3.2.3 せん断力と曲げモーメントの関係

はりのSFDとBMDを調べると，SFDの分布関数よりもBMDの関数の次数が1次だけ高いこと，またせん断力がゼロの位置で最大曲げモーメントが現れていることなどに気づく．このようなせん断力と曲げモーメントの関係について調べてみることにする．

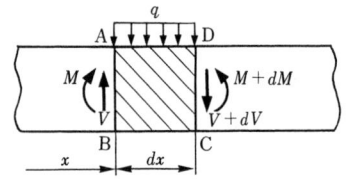

はりの微小部分を図3.20に示すように切り取り，力の釣合い条件を考える．断面CDでは断面ABよりdxだけ離れているので，せん断力ならびに曲げモーメントはおのおのdV, dM変化していると考えられる．垂直力の釣合いより

$$qdx+(V+dV)-V=0$$

$$\therefore \frac{dV}{dx}=-q \tag{3.15}$$

また，AB断面でのモーメントの釣合いより

$$M=(M+dM)-qdx\cdot\frac{dx}{2}-(V+dV)dx$$

高次の微少量を省略して整理すると

$$\frac{dM}{dx}=V \tag{3.16}$$

したがって，せん断力をxで微分すれば分布荷重になり，曲げモーメントをxで微分すればせん断力となることがわかる．式（3.16）より曲げモーメントの次数がせん断力の次数より1次高く，またせん断力Vがゼロのとき，曲げモーメントMが極値をとることもわかる．

3.3　はりの応力

前節ではりに横荷重やモーメントが作用すると内部にせん断力Vや曲げモーメントMが生ずることがわかった．このせん断力Vからせん断応力τが，また曲げモーメントMから**曲げ応力**（bending stress）すなわち，垂直応力σが発生することになる．一般にはりにおいては曲げ応力の方がせん断応力に比較して大きいので，曲げ応力について考えることにする．

図3.21は変形前の長方形断面はりの一部を示す．原点からx離れた距離にある断面ABと$x+dx$離れた断面CDで囲まれた微小領域部分ABCDを考える．曲げモーメントMが作用するとはりは円形に変形し，その一部分の微小領域ABCDも図3.22に示すように円弧状に曲るものとする．すなわち，横断面AB，CDはA′B′，C′D′に移り，A′B′およびC′D′はその延長線上で曲率中心Oで交わることになる．また，凹側にへ

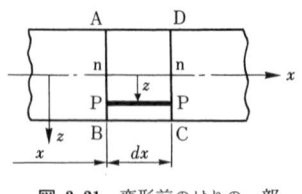

3.3 はりの応力

こんだはりの上面 A′D′ は縮み，凸側に膨らんだ下面 B′C′ は伸びることになり，その中間部分には伸びも縮みもしない**中立面**（neutral surface）nn が存在する．中立面と横断面との交線を**中立軸**（neutral axis）という．

変形前に中立軸から z の距離にあった直線 $\overline{PP}$ が変形後弧 $\widehat{p'p'}$ になる．変形前は直線 $\overline{nn}$ の長さと直線 $\overline{PP}$ の長さは等しいが，変形後は弧 $\widehat{p'p'}$ の方が長くなる．それゆえ x 軸方向にひずみが発生し，そのひずみ ε_x は次式となる．

$$\varepsilon_x = \frac{\widehat{p'p'} - \overline{PP}}{\overline{PP}} = \frac{(R+z)d\theta - dx}{dx} \quad (3.17)$$

ここで R は変形後の曲率半径である．ε_x によって生ずる曲げ応力 σ_x はフックの法則より次式となる．

$$\sigma_x = E\varepsilon_x = E\frac{(R+z)d\theta - dx}{dx} \quad (3.18)$$

はりには曲げモーメントのみが作用するので，はりの長手方向の曲げ応力 σ_x の合力は釣合いよりゼロでなければならない．それゆえ，断面全体にわたって力を合成すると

$$\int_A \sigma_x dA = \int_A E \frac{(R+z)d\theta - dx}{dx} dA \quad (3.19)$$
$$= \frac{E}{dx}\left\{(Rd\theta - dx)\int_A dA + d\theta \int_A z dA\right\} = 0$$

z 座標は中立軸から取られているので $\int_A z dA = 0$ であるから，式 (3.19) より

$$Rd\theta = dx \quad \text{または} \quad \frac{1}{R} = \frac{d\theta}{dx}$$

この関係と式 (3.17) より

$$\varepsilon_x = \frac{z}{R}, \quad \sigma_x = E\frac{z}{R} \quad (3.20)$$

これより，応力やひずみは中立軸からの距離 z に比例することがわかる．また，中立面を境にして横断面に引張応力と圧縮応力が図 3.23 に示すように直線分布をすることになる．

次に，モーメントの釣合い条件より

$$M = \int_A \sigma_x dA \cdot z = \int_A E\frac{z}{R}\cdot z dA = \frac{E}{R}\int_A z^2 dA = \frac{EI_y}{R} \quad (3.21)$$

ここで

$$I_y = \int_A z^2 dA \quad (3.22)$$

とおくと，I_y は微小面積 dA に中立軸からの距離 z の 2 乗を乗じ，断面全体にわたって積分したものであるから，これを**断面二次モーメント**

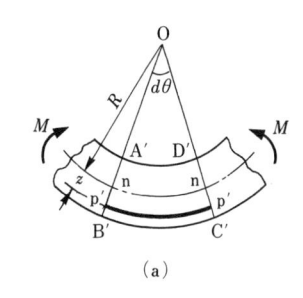

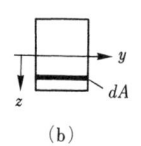

図 3.22 変形後のはりの一部

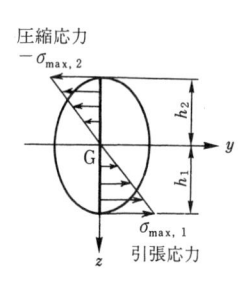

図 3.23 横断面での引張応力と圧縮応力の分布

(moment of inertia of area) という．式 (3.21) を次式のように変形すると

$$\frac{1}{R} = \frac{M}{EI_y} \tag{3.23}$$

上式より，はりの変形のしやすさの尺度である曲率の大きさは，曲げモーメント M に比例し，ヤング率と断面二次モーメントとの積 EI_y に反比例している．この EI_y のことをはりの**曲げ剛性**または**曲げ剛さ**（flexural rigidity）という．

式 (3.20) と式 (3.23) より，曲げ応力 σ_x は次式となる．

$$\sigma_x = \frac{Mz}{I_y} \tag{3.24}$$

上式より，曲げ応力 σ_x は中立軸からの距離 z に比例するから，中立軸から最も遠く離れた面で引張応力や圧縮応力が最大となる．そこで，図 3.23 に示すはり断面の高さ h_1 と h_2 を用いて，断面の寸法・形状によって定まる，次の関係式を定めておく．

$$Z_1 = \frac{I_y}{h_1} \quad \text{また} \quad Z_2 = \frac{I_y}{h_2} \tag{3.25}$$

このような Z_1, Z_2 を**断面係数**（section modulus）と呼び，これを用いると引張や圧縮の最大曲げ応力は次式で表される．

$$\sigma_{\max, 1} = \frac{M}{Z_1}, \quad \sigma_{\max, 2} = \frac{M}{Z_2} \tag{3.26}$$

したがって，断面係数が大きいほど曲げ応力は小さくなる．長方形や円形のような上下対称断面では Z_1 と Z_2 は等しく，最大引張応力と最大圧縮応力は同じであるが，一般には Z_1 と Z_2 は異なるためそれらの大きさは異なる．

例題 3.9 図 3.24 のように，幅 b，高さ h である長方形断面の断面二次モーメント I_y および断面係数 Z を求めよ．

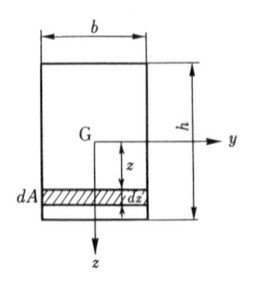

図 3.24 長方形断面

（解）　長方形断面であるから，y軸が中立軸である．中立軸からzの距離にdzをとると，そこでの微小面積dAは$dA=bdz$であるから，I_yは，式（3.22）から

$$I_y = \int_A z^2 dA = \int_{-\frac{h}{2}}^{\frac{h}{2}} bz^2 dz = \frac{bh^3}{12} \tag{3.27}$$

また，zの最大値は$\pm h/2$であるから，断面係数Zは

$$Z = \frac{I_y}{h/2} = \frac{bh^3/12}{h/2} = \frac{bh^2}{6} \tag{3.28}$$

例題 3.10　① 幅$b=2$ cm，高さ$h=1$ cm と　② 幅$b=1$ cm，高さ$h=2$ cm の同じ断面積である2種類の長方形断面はりがある．それぞれのはりの断面係数Zを求めよ．

（解）　長方形断面はりのZは式（3.28）より，$Z=bh^2/6$である．

① $Z = \dfrac{bh^2}{6} = \dfrac{(2\times10^{-2})\times(1\times10^{-2})^2}{6} = \dfrac{2}{6}\times10^{-6} = 0.33\times10^{-6}\,\text{m}^3$

② $Z = \dfrac{bh^2}{6} = \dfrac{(1\times10^{-2})\times(2\times10^{-2})^2}{6} = \dfrac{4}{6}\times10^{-6} = 0.66\times10^{-6}\,\text{m}^3$

②の断面形状の断面係数は①の断面形状の断面係数の2倍である．ゆえに，発生する最大曲げ応力は②の断面形状が①の断面形状の場合の半分である．生ずる応力を小さくするためには，幅よりも高さを大きくしなければならない．

例題 3.11　図3.25の半径a（直径d）の円形断面の断面二次モーメントI_yおよび断面係数Zを求めよ．

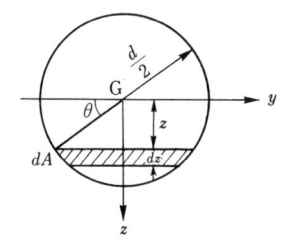

図 3.25　円形断面

（解）　極座標を用いると，図3.25より

$$z = a\sin\theta \tag{1}$$
$$dA = 2a\cos\theta\cdot dz \tag{2}$$

（1）より

$$dz = a\cos\theta d\theta \tag{3}$$

（3）を（2）に代入すると

$$dA = 2a^2\cos^2\theta d\theta \tag{4}$$

（1），（4）を，式（3.22）に代入すると

$$I_y = \int_A z^2 dA = \int_{-\frac{\pi}{2}}^{\frac{\pi}{2}} (a\sin\theta)^2 2a^2\cos^2\theta d\theta = 2a^4 \int_{-\frac{\pi}{2}}^{\frac{\pi}{2}} \frac{1-\cos 4\theta}{8} d\theta \tag{3.29}$$

$$= \frac{a^4}{4}\left[\theta - \frac{1}{4}\sin 4\theta\right]_{-\frac{\pi}{2}}^{\frac{\pi}{2}} = \frac{\pi}{4}a^4 = \frac{\pi d^4}{64}$$

また，z の最大値は $\pm a$ であるから，断面係数 Z は

$$Z = \frac{\pi}{4}a^3 = \frac{\pi}{32}d^3 \tag{3.30}$$

例題 3.12 図 3.26 の寸法形状の I 型断面の I_y を求めよ．

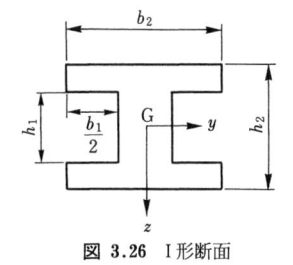

図 3.26 I 形断面

（解） 長方形断面の中立軸を通る y 軸に関する断面二次モーメント I_y は，式 (3.27) から

$$I_y = \frac{bh^3}{12}$$

この式を利用する．$h_2 \times b_2$ の全体の長方形断面から，$h_1 \times b_1/2$ の長方形断面の 2 倍を引けばよい．

ゆえに

$$I_y = \frac{1}{12}\left(b_2 h_2^3 - 2 \cdot \frac{b_1}{2} \cdot h_1^3\right) = \frac{1}{12}(b_2 h_2^3 - b_1 h_1^3) \tag{3.31}$$

例題 3.13 幅 b が 2 cm，高さ h が 4 cm の長方形断面でスパンが 2 m の単純支持はりがある．その中央に集中荷重 2 kN を加えたときの最大曲げ応力を求めよ．

（解） 最大曲げモーメント M_{max} は荷重点で生ずる．式 (3.10) で，$a = b = 1$ m，$l = 2$ m，$P = 2000$ N とおくと

$$M_{max} = \frac{1 \times 1 \times 2000}{2} = 1000 \text{ Nm}$$

また，断面係数 Z は

$$Z = \frac{bh^2}{6} = \frac{(2 \times 10^{-2}) \times (4 \times 10^{-2})^2}{6} = \frac{16}{3} \times 10^{-6} \text{ m}^3$$

最大曲げ応力 σ_{max} は，式 (3.26) より

$$\sigma_{max} = \pm \frac{M_{max}}{Z} = \pm \frac{1000}{\frac{16}{3} \times 10^{-6}} = \pm 187.5 \text{ MPa}$$

はり断面の上面で圧縮，下面で引張の最大曲げ応力 187.5 MPa を生ずる．

3.3 はりの応力

例題 3.14 図3.27に示すような断面積が等しい円形断面はりと長方形断面はりが，同じ大きさのモーメントを受けたときの最大曲げ応力を比較せよ．

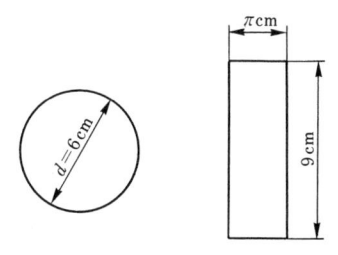

図 3.27 断面積が同じ円形断面と長方形断面

（解） 等しいモーメントを受ける場合，最大曲げ応力の大きさは断面係数に反比例するから，断面係数について比較すればよい．

円形断面および長方形断面の断面係数をそれぞれ Z_c, Z_s とすると

$$Z_c = \frac{\pi d^3}{32} = \frac{\pi (6 \times 10^{-2})^3}{32} = \frac{216\pi}{32} \times 10^{-6} \text{m}^3$$

$$Z_s = \frac{bh^2}{6} = \frac{\pi \times 10^{-2} \times (9 \times 10^{-2})^2}{6} = \frac{81\pi}{6} \times 10^{-6} \text{m}^3$$

$$\therefore \frac{\sigma_c}{\sigma_s} = \frac{\frac{M}{Z_c}}{\frac{M}{Z_s}} = \frac{Z_s}{Z_c} = \frac{\frac{81\pi}{6} \times 10^{-6}}{\frac{216\pi}{32} \times 10^{-6}} = 2$$

ゆえに，この寸法形状の場合の円形断面はりに生ずる最大曲げ応力は，長方形断面はりのそれの2倍大きい．

例題 3.15 例題3.5の片持はりで，断面が幅2cm，高さ4cmの長方形のとき，先端から $x=0$ m，1 m，2 m の位置で，中立軸から $z=0$, ± 1 cm, ± 2 cm の位置での応力を求めよ．

（解） $\sigma = \dfrac{Mz}{I_y}$ であり，また

$$I_y = \frac{bh^3}{12} = \frac{(2 \times 10^{-2}) \times (4 \times 10^{-2})^3}{12} = \frac{32}{3} \times 10^{-8} \text{m}^4$$

である．

① $x=0$ m では，曲げモーメント $M=0$ より $\sigma=0$ MPa となる．

② $x=1$ m では，曲げモーメント $M=-100$ Nm より

$$\sigma = \frac{Mz}{I_y} = \frac{-100z}{\frac{32}{3} \times 10^{-8}} = -\frac{3}{32} \times 10^{10} z$$

$z=0$ cm では，$\sigma=0$ MPa
$z=\pm 1$ cm では，$\sigma=\mp 9.4$ MPa
$z=\pm 2$ cm では，$\sigma=\mp 18.8$ MPa

③ $x=2$ m では，曲げモーメント $M=-200$ Nm より

$$\sigma = \frac{Mz}{I_y} = \frac{-200z}{\frac{32}{3} \times 10^{-8}} = -\frac{6 \times 10^{10}}{32} z$$

$z=0$ cm では, $\sigma=0$ MPa

$z=\pm 1$ cm では, $\sigma=\mp 18.8$ MPa

$z=\pm 2$ cm では, $\sigma=\mp 37.5$ MPa

	$x=0$ m	$x=1$ m	$x=2$ m
$z=2$ cm	0 MPa	-18.8 MPa	-37.5 MPa
$z=1$ cm	0 MPa	-9.4 MPa	-18.8 MPa
$z=0$ cm	0 MPa	0 MPa	0 MPa
$z=-1$ cm	0 MPa	9.4 MPa	18.8 MPa
$z=-2$ cm	0 MPa	18.8 MPa	37.5 MPa

例題 3.16 図3.28に示すように，単純支持はりにモーメントが作用している．

① A端，B端での反力を求めよ．

② SFD，BMDを描け．

③ はり断面の幅が4cm，高さが6cmのとき，最大曲げ応力はいくらか．

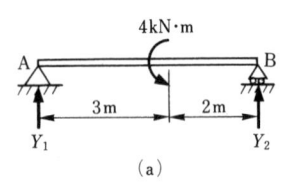

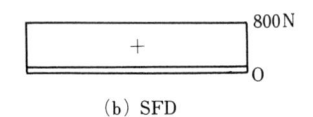

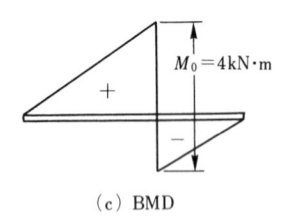

図 3.28 モーメントを受ける単純支持はり

（解）

① 反力を Y_1, Y_2 とする．

B点回りのモーメントの釣合いより　$5Y_1=4000$　∴　$Y_1=800$ N

A点回りのモーメントの釣合いより　$5Y_2+4000=0$　∴　$Y_2=-800$ N

② $0 \leq x \leq 3$ の範囲で

$$V=800 \tag{1}$$

$$M = 800 \cdot x \quad (2)$$

$3 \leq x \leq 5$ の範囲で

$$V = 800 \quad (3)$$
$$M = 800 \cdot x - 4000 \quad (4)$$

式 (1), (3) より, せん断力 $V = 800$ N で一定で, SFD は図 (b) となる.
式 (2), (4) より, BMD は図 (c) となる.
最大曲げモーメント $M_{\max}$ は, 図 (c) より, $M_{\max} = 2400$ Nm である.

③ 断面係数 Z は, $Z = bh^2/6$ より

$$Z = \frac{(4 \times 10^{-2}) \times (6 \times 10^{-2})^2}{6} = 24 \times 10^{-6} \, \text{m}^3$$

$$\therefore \sigma_{\max} = \frac{M_{\max}}{Z} = \frac{2400}{24 \times 10^{-6}} = 100 \, \text{MPa}$$

3.4 はりのたわみ

3.4.1 たわみの基礎式

はりが横荷重を受けると応力が発生し,これと同時に当然たわみ変形も生じる.強度設計において,発生応力を許容値内に押えると同様,発生する最大たわみが規定された許容値内となるよう負荷を制限したり,断面の必要寸法を決定したりすることがしばしば必要となる.このためはりのたわみ計算法について知ることが重要となる.

はりの変形前の軸線方向を x 軸に,その垂直下方を z 軸にとる.はりが横荷重を受けて図 3.29 のように変形したとする.変形後のはりの軸線がなす曲線を**たわみ曲線** (deflection curve) という.x 軸上の各点からたわみ曲線に至る垂直変位 w をたわみ,たわみ曲線の接線が x 軸となす角度 θ を**たわみ角** (angle of deflection) と呼ぶ.これらには次の関係がある.すなわち

$$\tan \theta = \frac{dw}{dx} \quad (3.32)$$

ここで, θ は微小角でラジアンを表すものとし, その符号は図 3.29 (b) のように x の正の方向と時計方向になす角を正にとる.

式 (3.32) を x で微分すると

$$\frac{d\theta}{dx} = \frac{\dfrac{d^2 w}{dx^2}}{1 + \left(\dfrac{dw}{dx}\right)^2} \quad (3.33)$$

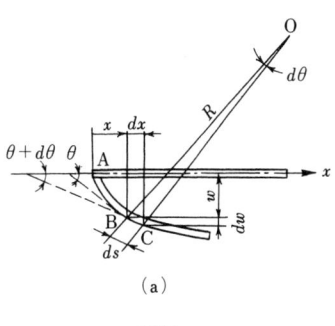

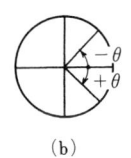

図 3.29 はりの座標とたわみ

座標の原点 A から x と $x+dx$ の間の微小部分の曲線の曲率半径を R とし, dx 部分のたわみ曲線の長さを $ds\,(ds = \sqrt{dx^2 + dw^2})$ とする.点 B の位置のたわみ角を θ,点 C のそれを $\theta + d\theta$ としたとき,ds の増加に対して

$d\theta$ は減少するから，符号を考慮すると

$$ds = -Rd\theta \quad \text{または} \quad \frac{1}{R} = -\frac{d\theta}{ds} \tag{3.34}$$

式 (3.34) を (3.33) を用いて変形すると

$$\frac{1}{R} = -\frac{d\theta}{ds} = -\frac{d\theta}{dx}\cdot\frac{dx}{ds} = -\frac{\dfrac{d^2w}{dx^2}}{1+\left(\dfrac{dw}{dx}\right)^2}\cdot\frac{dx}{\sqrt{dx^2+dw^2}}$$

$$= -\frac{\dfrac{d^2w}{dx^2}}{\left\{1+\left(\dfrac{dw}{dx}\right)^2\right\}^{\frac{3}{2}}} \tag{3.35}$$

一般の弾性変形の範囲では w は小さく，したがって θ もまた微小となり，$(dw/dx)^2 \ll 1$ と見なせるので，式 (3.35) は次のように簡単化される．

$$\frac{1}{R} = -\frac{d^2w}{dx^2} \tag{3.36}$$

曲げモーメント M と曲率半径 R との間には式 (3.23) の関係があるから，式 (3.23) と (3.36) から R を消去すると

$$EI_y\frac{d^2w}{dx^2} = -M \quad \text{または} \quad \frac{d^2w}{dx^2} = -\frac{M}{EI_y} \tag{3.37}$$

が得られる．これがたわみ曲線を決定するための基礎式となる．式 (3.37) の微分方程式を順次積分すれば，たわみ角 $dw/dx = \tan\theta \fallingdotseq \theta$ およびたわみ w を求めることができる．

$$\theta = \frac{dw}{dx} = -\int \frac{M}{EI_y}dx + C_1 \tag{3.38}$$

$$w = \int \theta dx = -\iint \frac{M}{EI_y}dx + C_1 x + C_2 \tag{3.39}$$

ここで，C_1, C_2 は積分定数で与えられた問題の境界条件より求まる．また，式 (3.37) を x で微分し，曲げモーメントとせん断力，分布荷重との関係式 (3.16), (3.15) を用いると次式を得るが，分布荷重などの場合にはこれらの式から出発してたわみを求めることもできる．

$$EI_y\frac{d^3w}{dx^3} = -\frac{dM}{dx} = -V \tag{3.40}$$

$$EI_y\frac{d^4w}{dx^4} = -\frac{dV}{dx} = q \tag{3.41}$$

以下では，これらの式を用いて具体的な問題のたわみを求めていく．

（1） 片持はりの先端に集中荷重 P が作用する場合（図 3.30）

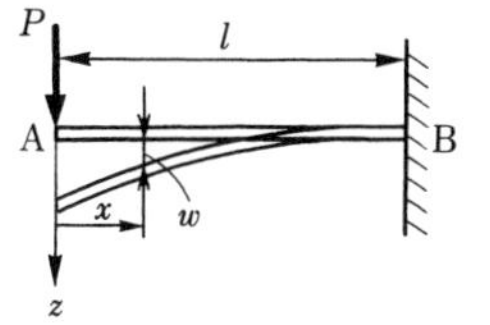

先端から距離 x の断面での曲げモーメントは，式（3.3）より $M=-Px$ であるから，これを式（3.37）に代入すると

$$EI_y \frac{d^2w}{dx^2} = Px \tag{3.42}$$

これを2回積分すると

$$EI_y \frac{dw}{dx} = \frac{P}{2}x^2 + C_1 \tag{3.43}$$

$$EI_y \cdot w = \frac{P}{6}x^3 + C_1 x + C_2 \tag{3.44}$$

式（3.43），（3.44）の積分定数 C_1，C_2 は，図 3.30 の固定端の境界条件から考えると次式となる．

$$x=l \text{ で} \quad \theta = \frac{dw}{dx} = 0, \quad w=0 \tag{3.45}$$

これを式（3.43），（3.44）に適用すると

$$C_1 = -\frac{Pl^2}{2}, \quad C_2 = \frac{Pl^3}{3}$$

それゆえ，たわみ角とたわみ曲線は次式となる．

$$\theta = \frac{dw}{dx} = \frac{P}{2EI_y}(x^2 - l^2) \tag{3.46}$$

$$w = \frac{P}{6EI_y}(x^3 - 3l^2 x + 2l^3) \tag{3.47}$$

最大たわみ角 θ_{max} および最大たわみ w_{max} は $x=0$，すなわち先端で生じ，次式となる．

$$\theta_{max} = -\frac{Pl^2}{2EI_y}, \quad w_{max} = \frac{Pl^3}{3EI_y} \tag{3.48}$$

図 3.30 片持はりの先端に集中荷重が作用する場合のたわみ

例題 3.17 例題 3.5 の片持はりで，断面形状が長方形で幅 $b=2$ cm，高さ $h=4$ cm のとき，先端から $x=0$ m，1 m，2 m の位置でのたわみはどれだけか．ただし，ヤング率 $E=200$ GPa とする．

（解） たわみ曲線は次式で与えられる．

$$w = \frac{P}{6EI_y}(x^3 - 3l^2 x + 2l^3)$$

上式に $P=100$ N，$l=2$ m，$E=200$ GPa，$I_y = 32/3 \cdot 10^{-8}$ m^4 を代入すると

$$w = \frac{100}{6 \times 200 \times 10^9 \times \frac{32}{3} \times 10^{-8}}(x^3 - 3 \cdot 4 \cdot x + 2 \cdot 2^3)$$

$$= \frac{25}{32}(x^3 - 12x + 16) \times 10^{-3} \text{ m}$$

上式に次の諸値を代入すると

① $x=0$ m，$w_{max} = 12.5$ mm

② $x=1$ m, $w=3.9$ mm
③ $x=2$ m, $w=0$ mm

例題 3.18 図3.31に示す高さ $h=2$ m, 中空円形断面のポールに直径 $D=60$ cmの円板の付いた道路標識がある. 円板が風速 $v=20$ m/sの風を受けるときのポール先端（円板中心）のたわみを求めよ. ただし, 風圧を円板の中心に受けるとし, その抵抗は次式で与えられるとする.

$$P=C_D\frac{\rho}{2}v^2A \quad (A は円板の面積)$$

ただし, C_Dは抵抗係数で, $C_D=1.11$, $\rho=1.23$ kg/m³, ヤング率 $E=206$ GPaとする. また, ポールの受ける風圧は無視する.

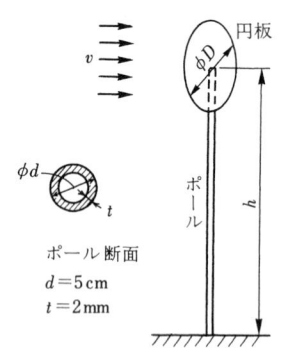

図 3.31 円板の付いた道路標識

（解） 本例題は片持ちはりの先端に集中荷重が作用する場合と見なせる. それゆえ, 先端でのたわみは式（3.48）となる. すなわち

$$w=\frac{Pl^3}{3EI_y}$$

上式で, 集中荷重 P は, $P=C_D\dfrac{\rho}{2}v^2A$ より, 諸値を代入すると

$$P=1.11\times\frac{1.23}{2}\times20^2\times\frac{\pi}{4}\times(0.6)^2=77.2 \text{ N}$$

$l=2$ m, $E=206$ GPa, 断面二次モーメントは中空円形断面の断面二次モーメント $I_y=\dfrac{\pi}{64}(d_1^4-d_2^4)$ より

$$I_y=\frac{\pi}{64}\{(5\times10^{-2})^4-(4.6\times10^{-2})^4\}=8.68\times10^{-8} \text{ m}^4$$

$$\therefore\ w=\frac{77.2\times2^3}{3\times206\times10^9\times8.68\times10^{-8}}=0.0115 \text{ m}=11.5 \text{ mm}$$

（2） 片持はりに等分布荷重が作用する場合（図3.32）

先端から距離 x の断面での曲げモーメントは，式（3.5）より，$M = -\dfrac{q}{2}x^2$ であるから，これを式（3.37）に代入すると

$$EI_y \frac{d^2w}{dx^2} = \frac{q}{2}x^2 \tag{3.49}$$

これを2回積分すると

$$EI_y \frac{dw}{dx} = \frac{q}{6}x^3 + C_1 \tag{3.50}$$

$$EI_y \cdot w = \frac{q}{24}x^4 + C_1 x + C_2 \tag{3.51}$$

上式の積分定数 C_1, C_2 は，図3.32の固定端の境界条件から考えると次式となる．

$$x = l \text{ で } \quad \theta = \frac{dw}{dx} = 0, \quad w = 0 \tag{3.52}$$

これを，式（3.50），（3.51）に適用すると

$$C_1 = -\frac{ql^3}{6}, \quad C_2 = \frac{ql^4}{8}$$

それゆえ，たわみ角とたわみ曲線は次式となる．

$$\theta = \frac{q}{6EI_y}(x^3 - l^3) \tag{3.53}$$

$$w = \frac{q}{24EI_y}(l-x)^2(3l^2 + 2lx + x^2) \tag{3.54}$$

最大たわみ角および最大たわみはいずれも先端で生じ，次式となる．

$$\theta_{\max} = -\frac{ql^3}{6EI_y}, \quad w_{\max} = \frac{ql^4}{8EI_y} \tag{3.55}$$

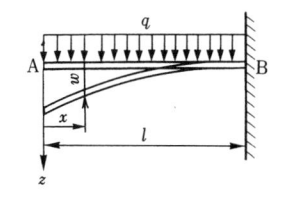

図 3.32 片持はりに等分布荷重が作用する場合のたわみ

例題 3.19 図3.33に示すような，断面積が等しい円形断面はりと長方形断面はりが全長に等分布荷重 q を受けたときの最大たわみを比較せよ．

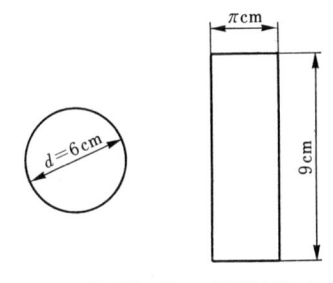

図 3.33 断面積が等しい円形断面はりと長方形断面はりのたわみ

（解）最大たわみははりの長さを l とすると，式 (3.55) より

$$w_{\max}=\frac{ql^4}{8EI_y}$$

これより，円形断面と長方形断面の最大たわみの比較は，断面二次モーメントの逆比を比較すればよい．ゆえに，円形断面と長方形断面の最大たわみおよび断面二次モーメントを w_c, w_s および I_c, I_s とすると

$$\frac{w_c}{w_s}=\frac{I_s}{I_c}=\frac{bh^3/12}{\pi d^4/64}=\frac{64\,bh^3}{12\,\pi d^4}$$

諸値を代入すると

$$\frac{w_c}{w_s}=3$$

ゆえに，円形断面はりの方が長方形断面はりよりも3倍たわむ．

（3）片持はりの先端にモーメント M_0 が作用する場合（図 3.34）

先端から距離 x の断面での曲げモーメントは，式 (3.7) より $M=-M_0$ の一定であり，これを式 (3.37) に代入すると

$$EI_y\frac{d^2w}{dx^2}=M_0$$

これを2回積分すると

$$EI_y\frac{dw}{dx}=M_0x+C_1$$

$$EI_yw=\frac{M_0}{2}x^2+C_1x+C_2$$

境界条件は，前例題，前々例題と同じで，$x=l$ で，$\theta=0, w=0$ であるから

$$C_1=-M_0l, \quad C_2=\frac{M_0l^2}{2}$$

それゆえ，たわみ角とたわみ曲線は次式となる．

$$\theta=\frac{M_0}{EI_y}(x-l), \quad w=\frac{M_0}{2EI_y}(l-x)^2 \tag{3.56}$$

最大たわみ角および最大たわみはいずれも先端で生じ，次式となる．

$$\theta_{\max}=-\frac{M_0l}{EI_y}, \quad w_{\max}=\frac{M_0l^2}{2EI_y} \tag{3.57}$$

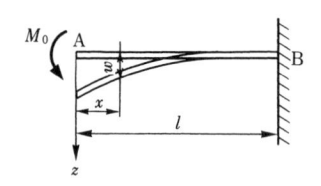

図 3.34 片持はりの先端にモーメントが作用する場合のたわみ

（4）単純支持はりに等分布荷重 q が作用する場合（図 3.35）

左端 A から距離 x の断面での曲げモーメントは，式 (3.12) より，$M=\frac{q}{2}(lx-x^2)$ であるから，これを式 (3.37) に代入すると

$$EI_y\frac{d^2w}{dx^2}=-\frac{q}{2}(lx-x^2)$$

これを2回積分すると

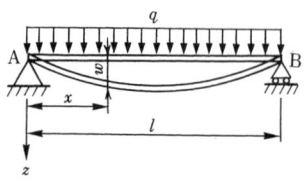

図 3.35 単純支持はりに等分布荷重が作用する場合のたわみ

$$EI_y \frac{dw}{dx} = -\frac{q}{2}\left(\frac{l}{2}x^2 - \frac{x^3}{3}\right) + C_1$$

$$EI_y w = -\frac{q}{2}\left(\frac{l}{6}x^3 - \frac{x^4}{12}\right) + C_1 x + C_2$$

一方，境界条件は図 3.35 より

$$x = 0 \quad \text{および} \quad x = l \text{ で，} \quad w = 0$$

これより

$$C_1 = \frac{ql^3}{24}, \quad C_2 = 0$$

それゆえ，たわみ角とたわみ曲線は次式となる．

$$\theta = \frac{q}{24 EI_y}(l - 2x)(l^2 + 2lx - 2x^2) \tag{3.58}$$

$$w = \frac{qx}{24 EI_y}(l - x)(l^2 + lx - x^2) \tag{3.59}$$

最大たわみ角は $x = 0$ および $x = l$ すなわち，左右両支点で生ずる．一方，最大たわみは $x = l/2$ すなわち，スパン中央で生じ，それらの値は次式となる．

$$\theta_{\max} = \theta_A = -\theta_B = \frac{ql^3}{24 EI_y}, \quad w_{\max} = w_{\frac{l}{2}} = \frac{5 ql^4}{384 EI_y} \tag{3.60}$$

例題 3.20 正方形断面をもつ長さ 3 m の単純支持はりが全長に $q = 5$ kN/m の等分布荷重を受ける．はりに生ずる最大曲げ応力が 8 MPa のときはりに生ずる最大たわみはいくらか．ただし，材料のヤング率 E は $E = 100$ GPa とする．

（解）最大曲げ応力は，式（3.26）より

$$\sigma_{\max} = \frac{M_{\max}}{Z} \tag{1}$$

また，正方形断面の一辺の長さを b とすると，断面係数 Z は

$$Z = \frac{b^3}{6} \tag{2}$$

最大曲げモーメント M は，はりの中央に生ずるから式（3.13）より

$$M_{\max} = \frac{ql^2}{8} \tag{3}$$

(2), (3) を (1) に代入し，諸値を入れると

$$8 \times 10^6 = \frac{5 \times 10^3 \times 3^2 / 8}{b^3 / 6}$$

ゆえに

$$b = 0.1616 \text{ m}$$

最大たわみは，式（3.60）より

$$w_{\max} = \frac{5 ql^4}{384 EI_y} = \frac{5 \times 5 \times 10^3 \times 3^4}{384 \times 100 \times 10^9 \times I_y} = \frac{27 \times 10^{-6}}{512 I_y}$$

$I_y = b^4/12 = 5.68 \times 10^{-5}$ m^4 より

$$w_{\max} = 0.93 \times 10^{-3} \text{ m} = 0.93 \text{ mm}$$

(5) 単純支持はりに集中荷重 P が作用する場合（図3.36）

左端から距離 x の断面での曲げモーメントは，式（3.8），（3.9）で与えられるように区間 AC と CB で異なるので，式（3.37）も分けて取り扱う必要がある．

$$EI_y \frac{d^2w}{dx^2} = -\frac{bP}{l}x \quad (0 \leq x \leq a)$$

$$EI_y \frac{d^2w}{dx^2} = -\frac{aP}{l}(l-x) \quad (a \leq x \leq l)$$

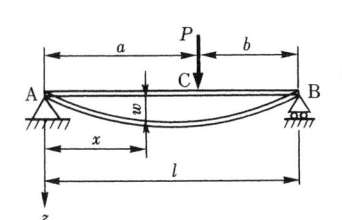

図 3.36 単純支持はりに集中荷重が作用する場合のたわみ

これらを積分すると

$$EI_y \frac{dw}{dx} = -\frac{bP}{2l}x^2 + C_1 \quad (0 \leq x \leq a)$$

$$EI_y \frac{dw}{dx} = -\frac{aP}{l}\left(lx - \frac{x^2}{2}\right) + C_2 \quad (a \leq x \leq l)$$

$x=a$ ではりは連続しているから，$x=a$ で上式のたわみ角は等しい．これから，$C_2 = C_1 + a^2P/2$ となる．これを代入して，さらに積分すると

$$EI_y w = -\frac{bP}{6l}x^3 + C_1 x + C_3 \quad (0 \leq x \leq a)$$

$$EI_y w = -\frac{aP}{l}\left(\frac{l}{2}x^2 - \frac{x^3}{6}\right) + \left(C_1 + \frac{a^2P}{2}\right)x + C_4 \quad (a \leq x \leq l)$$

$x=a$ ではりは連続するという条件から $C_3 = a^3P/6 + C_4$．さらに，はり両端 $x=0$ および $x=l$ でたわみ w が $w=0$ という境界条件より $C_3 = 0$，$C_4 = -a^3P/6$，$C_1 = abP(2l-a)/6l$ と求まり，たわみ角およびたわみ曲線は次式となる．

$$\theta = \frac{bP}{6lEI_y}(l^2 - b^2 - 3x^2) \quad (0 \leq x \leq a)$$

$$\theta = \frac{aP}{6lEI_y}(2l^2 + a^2 - 6lx + 3x^2) \quad (a \leq x \leq l)$$

$$w = \frac{bPx}{6lEI_y}(l^2 - b^2 - x^2) \quad (0 \leq x \leq a)$$

$$w = \frac{aP}{6lEI_y}(-a^2 l + (2l^2 + a^2)x - 3lx^2 + x^3) \quad (a \leq x \leq l) \quad (3.61)$$

最大たわみの発生位置は $dw/dx = 0$ より定まる．$a > l/2$ なら $0 \leq x \leq a$ の範囲で生じ，次式となる．

$$w_{\max} = \frac{bP(l^2 - b^2)^{\frac{3}{2}}}{9\sqrt{3}\,lEI_y} \quad \left(x = \sqrt{\frac{l^2 - b^2}{3}}\ \text{のとき}\right) \quad (3.62)$$

荷重 P がはりの中央に作用するときは，式（3.62）に $b=l/2$ を代入して

$$w_{\max} = \frac{Pl^3}{48EI_y} \quad (3.63)$$

3.5 不静定はり

これまで述べてきたはりでは，力とモーメントの釣合いという静力学的な釣合い式だけで反力と反モーメントを求めることができた．このようなはりを**静定はり**（statically determinate beam）と呼ぶ．これに対し，静力学的な釣合い式のみでは反力や反モーメントを求めることができないはりを**不静定はり**（statically indeterminate beam）と呼ぶ．不静定はりでは，はりのたわみ角とたわみの条件を付加することによって，反力や反モーメントを求めることができる．

（1）両端固定はりの全長に等分布荷重が作用する場合（図3.37）

固定端の反力 R_A, R_B および反モーメント M_A, M_B は，対称性より $R_A=R_B=ql/2$, $M_A=M_B$ となる．反モーメントは静力学的な釣合い式より決定できないため，曲げモーメント M に含んだまま前節のように進めていくことにする．

左端から，x 離れた位置での曲げモーメント M は

$$M = -M_A + \frac{ql}{2}x - \frac{q}{2}x^2 \tag{3.64}$$

これを式（3.37）に代入すると

$$EI_y = M_A - \frac{ql}{2}x + \frac{q}{2}x^2 \tag{3.65}$$

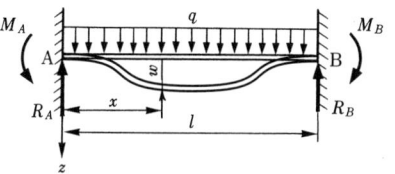

図 3.37 両端固定はりの全長に等分布荷重が作用する場合のたわみ

これを2回積分すると

$$EI_y \frac{dw}{dx} = M_A x - \frac{ql}{4}x^2 + \frac{q}{6}x^3 + C_1 \tag{3.66}$$

$$EI_y w = \frac{M_A}{2}x^2 - \frac{ql}{12}x^3 + \frac{q}{24}x^4 + C_1 x + C_2 \tag{3.67}$$

ここで，境界条件

$x=0$ で　　　$dw/dx=0$, $w=0$ 　　　(1)

$x=l$ で　　　$dw/dx=0$, $w=0$ 　　　(2)

境界条件（1）より，$C_1=C_2=0$

境界条件（2）より，$M_A=ql^2/12=M_B$

$M_A=ql^2/12$ を式（3.67）に代入して，たわみ w を求めると次式を得る．

$$w = \frac{qx^2}{24EI_y}(l-x)^2 \tag{3.68}$$

最大たわみ $w_{\max}$ は，$x=l/2$ で生じ

$$w_{\max} = \frac{ql^4}{384EI_y} \tag{3.69}$$

（2）一端固定支持，他端移動支持されたはりに集中荷重が作用する場合（図 3.38）

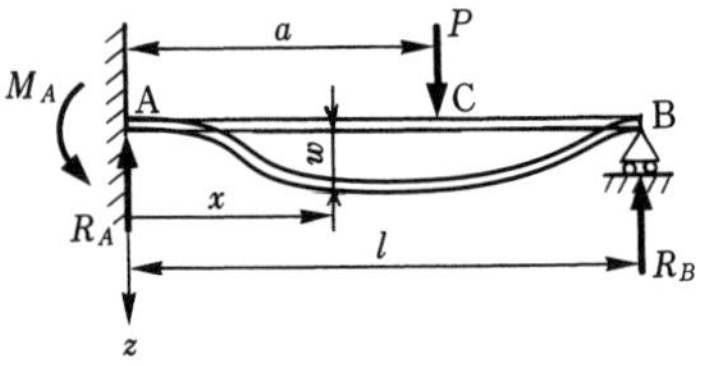

図 3.38 一端固定支持，他端移動支持されたはりに集中荷重が作用する場合のたわみ

両支持点の反力 R_A と R_B および M_A に静力学的な釣合い式を立てる．

$$R_A + R_B = P, \quad M_A + R_B l = Pa \tag{3.70}$$

左端から x 離れた位置での曲げモーメント M は

$$M = R_A x - M_A \quad (0 \leq x \leq a)$$
$$M = R_A x - M_A - P(x-a) \quad (a \leq x \leq l)$$

これを式（3.37）に代入し，各区間について積分すると

$0 \leq x \leq a$ では

$$EI_y \frac{dw}{dx} = -\frac{R_A}{2} x^2 + M_A x + C_1$$

$$EI_y w = -\frac{R_A}{6} x^3 + \frac{M_A}{2} x^2 + C_1 x + C_2$$

$a \leq x \leq l$ では

$$EI_y \frac{dw}{dx} = -\frac{R_A}{2} x^2 + M_A x + \frac{P}{2}(x-a)^2 + C_3$$

$$EI_y w = -\frac{R_A}{6} x^3 + \frac{M_A}{2} x^2 + \frac{P}{6}(x-a)^3 + C_3 x + C_4$$

境界条件は次のとおりである．

$x = 0$ で $\quad dw/dx = 0, \quad w = 0$
$x = a$ で $\quad dw/dx, \quad w$ は連続
$x = l$ で $\quad w = 0$

境界条件より $C_1 = C_2 = C_3 = C_4 = 0$

$$-R_A l^3 + 3 M_A l^2 + P(l-a)^3 = 0 \tag{3.71}$$

式（3.70）および（3.71）より，未知量は次式となる．

$$R_A = \frac{P}{2l^3}(l-a)(2l^2 + 2al - a^2)$$

$$R_B = \frac{P}{2l^3} a^2 (3l-a)$$

$$M_A = \frac{Pa}{2l^2}(l-a)(2l-a)$$

以上より，各区間のたわみは次式となる．

$$w = \frac{P(l-a)x^2}{12 l^3 EI_y}\{3al(2l-a) - (2l^2 + 2al - a^2)x\} \quad (0 \leq x \leq a)$$

$$w = \frac{P(l-a)x^2}{12 l^3 EI_y}\{3al(2l-a) - (2l^2 + 2al - a^2)x\} + \frac{P(x-a)^3}{6 EI_y}$$

$$(a \leq x \leq l) \tag{3.72}$$

例題 3.21 図 3.38 で, $l=5\,\mathrm{m}$, $a=3\,\mathrm{m}$ とするとき, 最大たわみが生ずる位置を求めよ.

(解) $dw/dx=0$ となる x の位置を求める. $0<x<3\,\mathrm{m}$ の範囲において

$$EI_y \frac{dw}{dx} = -\frac{R_A}{2}x^2 + M_A x$$

を利用すると

$$-\frac{R_A}{2}x^2 + M_A x = 0$$

$$x = \frac{2M_A}{R_A} = \frac{2\dfrac{Pa}{2l^2}(l-a)(2l-a)}{\dfrac{P(l-a)(2l^2+2al-a^2)}{2l^3}} = \frac{2al(2l-a)}{2l^2+2al-a^2}$$

$l=5\,\mathrm{m}$, $a=3\,\mathrm{m}$ を代入すると, $x=2.96\,\mathrm{m}$ を得る.
この値は $0<x<3\,\mathrm{m}$ の範囲内であるから答となる. ゆえに, 最大たわみは左端より $2.96\,\mathrm{m}$ の位置で生ずる.

演習問題

3.1 図 3.39 に示す片持はりの固定支点に生ずる水平反力 R_x, 垂直反力 R_y および反モーメント M を求めよ.

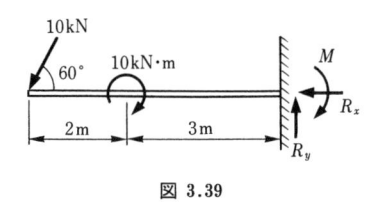

図 3.39

3.2 図 3.40 に示す単純支持はりの回転支点および移動支点に生ずる水平反力 R_x, 垂直反力 R_{1y} および垂直反力 R_{2y} を求めよ.

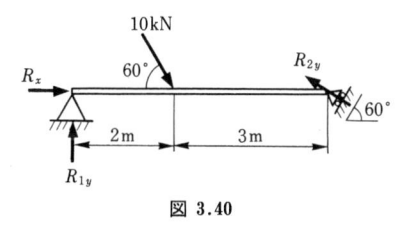

図 3.40

3.3 図 3.41 に示す片持はりの先端から $3.5\,\mathrm{m}$ の位置でのせん断力 V と曲げモーメント M を求めよ.

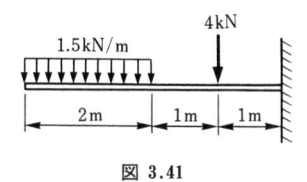

図 3.41

3.4 図 3.42 に示す単純支持はりの中央におけるせん断力 V と曲げモーメント M を求めよ．

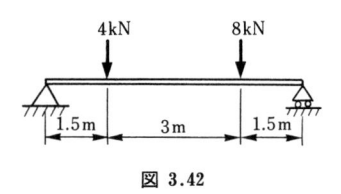

図 3.42

3.5 図 3.43 に示すはりには，突き出し部分がある．A 端から 3 m 離れた位置でのせん断力 V と曲げモーメント M を求めよ．

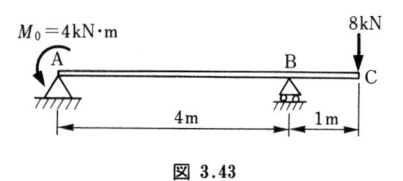

図 3.43

3.6 図 3.44 に示す片持はりには，2 つの集中荷重 P_1, P_2 が作用する．SFD, BMD を描け．ただし，$P_1=1$ kN, $P_2=2$ kN, $l=3$ m および $a=1$ m とする．

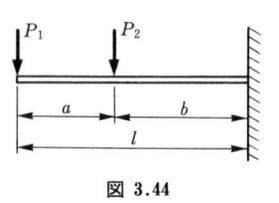

図 3.44

3.7 図 3.45 に示す片持はりの先端に軸方向と 60° の角度をなす方向に集中荷重 $P=2$ kN が作用している．SFD と BMD を描け．

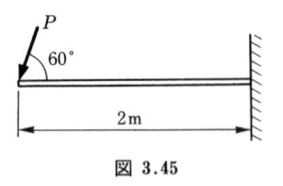

図 3.45

3.8 図 3.46 に示す単純支持はりがある．左端 A から a の長さの位置に，はりに垂直に立てた長さ c の棒の先端に水平方向から荷重 P を加える．このとき，支点 A, B での反力を求めよ．また，SFD と BMD を描け．

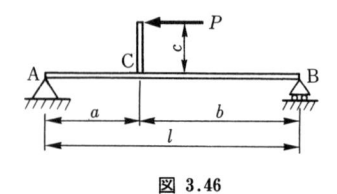

図 3.46

3.9 図 3.47 に示す鋼製棒の両端に同じ大きさのモーメント M が作用している．この棒の降伏応力が $\sigma_Y = 300$ MPa のとき，この棒を降伏させる M の大きさを求めよ．ただし，この棒の断面は高さ 6 cm，幅 3 cm の長方形断面とする．

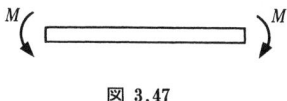

図 3.47

3.10 厚さ 6 mm の鋼板を曲げて，表面の伸びを測定したところ標点距離 5 cm において 0.06 mm の変化があった．この鋼板に生じた最大曲げ応力 σ_{max} および曲率半径 R を求めよ．ただし，$E = 200$ GPa とする．

3.11 断面の幅 $b = 4$ cm，高さ $h = 6$ cm のはりで，生じた最大応力が $\sigma_{max} = 200$ MPa のとき，作用しているモーメントはいくらか．

3.12 断面の幅 $b = 4$ cm，高さ $h = 6$ cm，長さ $l = 4$ m の片持はりの先端に $P = 1$ kN の集中荷重が作用するとき，先端から 3 m の位置での最大応力 σ_{max} を求めよ．

3.13 図 3.48 に示すような I 形断面をもつ単純支持はりの全長に等分布荷重 $q = 10$ kN/m が作用する．許容応力が $\sigma_a = 200$ MPa ならば，使用可能なスパン長 l はどのくらいか．

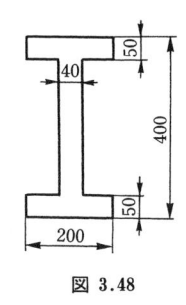

図 3.48

3.14 図 3.49 に示すような高さ $l = 50$ m，外径 $d_2 = 2$ m のコンクリート製煙突が地上から垂直に立っている．コンクリートの引張強さ $\sigma_b = 6$ MPa として，風速 $V = 40$ m/s の風に耐えられるような内径 d_1 を求めよ．ただし，煙突に作用する総風圧 P は次式で与えられるものとする．

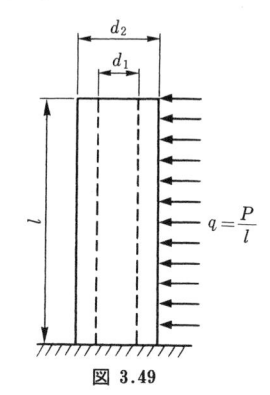

図 3.49

$$P = \frac{1}{2}\rho V^2 A$$

ここで，ρ は空気の密度で $\rho = 1.23 \text{ kg/m}^3$，$A$ は風の方向に直角な煙突の面積とする．

3.15 図 3.50 に示すように，地上から高さ $h = 10$ m である電柱が $p = 1000$ Pa の風圧を受ける．安全率を 12 として，電柱の直径 d をいくらにすればよいか．ただし，電柱の許容曲げ応力を $\sigma_a = 42$ MPa とする．なお，電柱に加わる総風圧 P は電柱の総断面積を A とすれば，$P = \dfrac{\pi}{4} pA$ なる関係にあるとする．

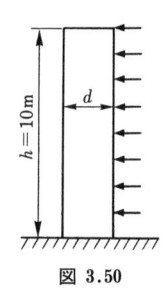

図 3.50

3.16 直径 $d = 6$ mm の鋼線（$E = 200$ GPa）を直径 $D = 4$ m の円筒に巻き付けるときに生じる曲げ応力と曲げモーメントを求めよ．

3.17 図 3.51 に示すような片持はりに，図のような等分布荷重が作用するとき，たわみ曲線を求めよ．また，最大たわみ $w_{\max}$ はいくらか．

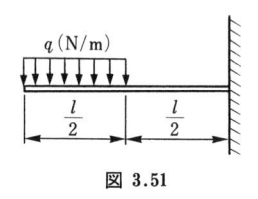

図 3.51

3.18 高さ 50 cm，幅 20 cm の長方形断面をもつ長さ 5 m の鋼製の片持はりがある．自由端に集中荷重をかけて，その最大曲げ応力が 100 MPa を超えないようにするためには，自由端のたわみはいくらまで許せるか．ただし，$E = 206$ GPa とする．

3.19 図 3.52 に示す両端固定はりで，左端より a の距離に集中荷重 P が作用している．最大たわみの生ずる位置と最大たわみを求めよ．ただし，$a \geq b$ とする．

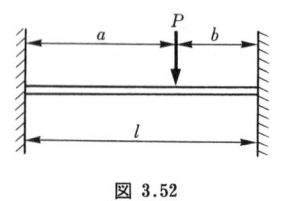

図 3.52

演習問題

3.20 図 3.53 に示すように，断面の幅 $b=4$ cm，高さ $h=6$ cm，長さ $l=4$ m，ヤング率 $E=200$ GPa の片持はりの先端に，ばね定数 $k=200$ g/mm のばねが接続されている．はりのたわみがない状態のとき，ばねは自然長であるものとする．このはりの先端に $P=1$ kN の集中荷重が作用するとき，はりの先端のたわみはいくらか．ただし，重力加速度 $g=9.81$ m/s² とする．

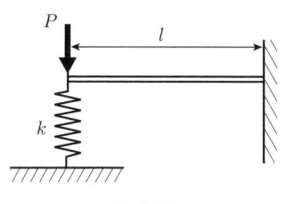

図 3.53

3.21 図 3.54 に示すように，剛体壁間に設置された断面の幅 $b=4$ cm，高さ $h=6$ cm，ヤング率 $E=200$ GPa の 2 本の片持はりが，その先端をピンで結合されている．剛体壁間の距離 $L=6$ m，左側の片持はりの長さ $l_1=4$ m，右側の片持はりの長さ $l_2=2$ m とする．このピンの位置に $P=1$ kN の集中荷重が作用するとき，はりの先端のたわみはいくらか．

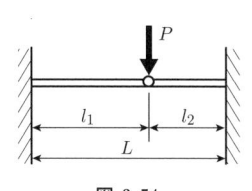

図 3.54

4 ねじり

身の周りの機械には回転する部品を内蔵したものが多い．モータはその代表格で扇風機，掃除機および冷蔵庫などありとあらゆる家電製品に内蔵され，使われている．エンジンも回転運動を発生させる部品であり，自動車をはじめとする輸送機械や発電機械などさまざまな製品で使われている．

モータやエンジンによる回転は回転軸を介して伝達されるが，そのとき，回転軸にはねじりモーメントが作用することになる．このねじりモーメントによって回転軸の内部にはどのような応力が生じているのか．またどのくらいの角度でねじられているのか．回転軸が破損しないためにはこれらのことを調べておく必要がある．

本章では，伝達軸として通常使われることの多い丸軸などの円形断面軸を中心に，ねじりモーメントとそれによって発生するねじり応力との関係について説明する．

4.1　円形断面軸のねじり

4.1.1　中実丸軸のねじり

一般に機械は動力源をもち，その動力を各部へ伝達する構造となっている．たとえば，図 4.1 に示すようなモータを動力源とすれば，この動力は**軸**（shaft）を通って歯車やベルト車等の減速機へ伝わり，その後，従動機へ伝達されることになる．これらの回転軸は，図 4.2 に示すように一般に円形断面（丸軸と呼ばれる）になっており，棒の軸線に直角な横断面に，外から軸線回りの偶力の作用を受ける．この偶力を**ねじりモーメント**（torsional moment）あるいは**トルク**（torque）という．このねじりモーメントを受けて軸はねじられ，その内部にはせん断ひずみおよびそれに対応するせん断応力を生ずる．このせん断応力を**ねじり応力**（torsional stress）という．

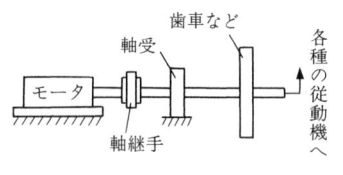

図 4.1　モータからの動力の伝達経路

このように軸に生ずる変形や応力の解析は軸の断面形状が円の場合，次の仮定のもとに解析することができる．

① 丸軸の断面形状はねじられた後も円形を保ち，平面のままである．
② 横断面に引かれた直径は変形後も直線のままであり，長さは変わらないとする．

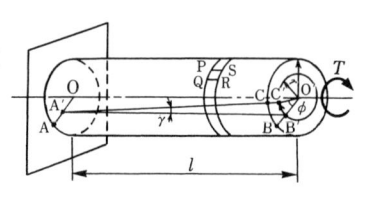

図 4.2　トルクを受ける丸軸

③ 任意の2つの横断面上の直径の相対的回転角はこれら2面間の距離に比例する.

以上の仮定をねじりに関するクーロンの仮定といい，断面形状が円のときだけ成立する.

図4.2に示すように，左端を固定された半径a，長さlの真直な中実丸軸が右端でねじりモーメントTを受ける場合を考える．丸軸の中心からrの位置で変形前の直線A′B′が変形後A′C′になったとすると，せん断ひずみγは

$$\gamma = \angle \text{B}'\text{A}'\text{C}' = \frac{\widehat{\text{B}'\text{C}'}}{l} \tag{4.1}$$

また，$\widehat{\text{B}'\text{C}'} = r\phi$ だから

$$\gamma = \frac{r\phi}{l} \tag{4.2}$$

ϕ は長さlの丸軸がねじられた角を示し，**ねじれ角**（angle of twist）と呼ばれる．丸軸がねじられている程度を示すには，単位長さ当たりのねじれ角，すなわち，次式を用いる．

$$\theta = \frac{\phi}{l} \tag{4.3}$$

このθは**比ねじれ角**（specific angle of twist）と呼ばれる．

せん断ひずみγを比ねじれ角θを用いて表すと

$$\gamma = r\theta \tag{4.4}$$

このせん断ひずみが生じているときねじり応力が生じる．丸軸の横弾性係数をGとすると，半径rの位置でのねじり応力τは次式となる．

$$\tau = G\gamma = Gr\theta \tag{4.5}$$

上式より，ねじり応力τは中心（$r=0$）でゼロ，そして半径rに比例して大きくなり，$r=a$，つまり表面で最大値$\tau_{max}=\tau_0$となる．

ここで，図4.2の丸棒表面から，図4.3に示す微小部分PQRSを取り出してみると，PQ面とRS面にはねじり応力τ_0が作用し，PS面とRQ面には共役なねじり応力τ_0が作用する．それゆえ，丸軸の横断面と縦断面には図4.4のように互いに**共役なせん断応力**（conjugate shearing stress）が分布することになる．この図からわかるように，互いに共役なせん断応力の大きさは中心からの距離に比例して大きくなり，外周つまり表面で最大となる．

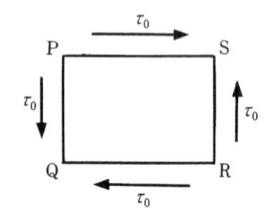

図 4.3 丸軸表面の微小要素

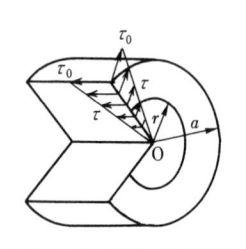

図 4.4 丸軸の横断面と縦断面でのせん断応力の分布

4.1 円形断面軸のねじり

例題 4.1 長さ2mの丸軸にねじりモーメントが作用して，ねじれ角ϕが3°生じた．このとき
① ねじれ角ϕをrad（ラジアン）で示せ．
② 比ねじれ角θはいくらか．

（解）
① $\pi(=3.14)$ ラジアンが180°であるから
$$3.14 : 180° = \phi : 3°$$
$$\therefore \phi = 0.052 \text{ rad}$$

③ 式(4.3)より
$$\theta = \frac{\phi}{l} = \frac{0.052}{2} = 0.026 \text{ rad/m}$$

例題 4.2 例題4.1で丸軸の半径aを2cmとすると
① $r=0$（中心） ② $r=5$mm ③ $r=10$mm ④ $r=20$mm（表面）でのせん断ひずみおよびねじり応力τを求めよ．ただし，材料のせん断弾性係数Gを$G=80$GPaとする．

（解）式(4.4)および式(4.5)より，$\gamma=r\theta$および$\tau=G\gamma$である．
① $\gamma=0, \quad \tau=0$
② $\gamma = 5\times10^{-3}\times0.026 = 1.3\times10^{-4}$
$\tau = G\gamma = 80\times10^9\times1.3\times10^{-4} = 10.4\times10^6 \text{ Pa} = 10.4 \text{ MPa}$
③ $\gamma = 10\times10^{-3}\times0.026 = 2.6\times10^{-4}$
$\tau = G\gamma = 80\times10^9\times2.6\times10^{-4} = 20.8\times10^6 \text{ Pa} = 20.8 \text{ MPa}$
④ $\gamma = 20\times10^{-3}\times0.026 = 5.2\times10^{-4}$
$\tau = G\gamma = 80\times10^9\times5.2\times10^{-4} = 41.6\times10^6 \text{ Pa} = 41.6 \text{ MPa}$

次に，ねじりモーメントとねじり応力の間の関係式を導出する．外部から加えられたねじりモーメントTと，断面に生じるねじり応力τが丸軸の中心軸に対してもつモーメントとは釣合わなければならない．すなわち，図4.5に示すように中心からrの距離にある微小面積dAに作用するねじり応力τが，軸の中心軸に対してもつモーメントは$r\cdot\tau dA$であるから，これを断面全体について積分したものが外部からのねじりモーメントTと釣合うことになる．つまり

$$T = \int_A r\tau dA \tag{4.6}$$

式(4.5)を用いると

$$T = \int_A G\theta r^2 dA = G\theta \int_A r^2 dA = G\theta I_P \tag{4.7}$$

ここで，I_Pは

$$I_P = \int_A r^2 dA \tag{4.8}$$

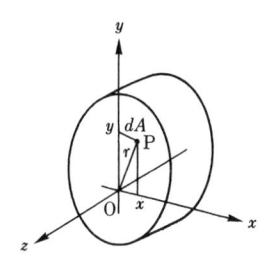

図 4.5 中心からrの距離にある微小面積要素

I_P は断面二次極モーメントと呼ばれ，次項の例題 4.3 で導出する．例題 4.3 より，I_P は $I_P=\pi/2 \cdot a^4=\pi/32 \cdot d^4$ であるから，この値を式 (4.7) に代入すると，ねじりモーメント T は次式となる．

$$T=\frac{\pi}{2}a^4G\theta=\frac{\pi}{32}d^4G\theta \tag{4.9}$$

式 (4.7) および式 (4.9) を比ねじれ角について解くと

$$\theta=\frac{T}{GI_P}=\frac{2T}{\pi a^4 G}=\frac{32T}{\pi d^4 G} \tag{4.10}$$

さらに，ねじれ角 ϕ を求めると

$$\phi=\theta l=\frac{Tl}{GI_P}=\frac{2Tl}{\pi a^4 G}=\frac{32Tl}{\pi d^4 G} \tag{4.11}$$

これより，ねじれ角 ϕ はねじりモーメント T と長さ l に比例し，GI_P に反比例することがわかる．GI_P はねじり変形に対する抵抗を示すものであり，**ねじり剛性** (torsional rigidity) と呼ばれている．つまり，ねじり剛性 GI_P が大きいと，ねじれ角は小さくなり，逆に，GI_P が小さいとねじれ角は大きくなる．式 (4.10) を (4.5) に代入してねじり応力を求めると

$$\tau=\frac{T}{I_P}r=\frac{2T}{\pi a^4}r=\frac{32T}{\pi d^4}r \tag{4.12}$$

ゆえに，表面 $r=a$ でねじり応力 τ は最大値 τ_{max} をとることがわかる．すなわち

$$\tau_{max}=\frac{Ta}{I_P}=\frac{T}{Z_P}=\frac{2T}{\pi a^3}=\frac{16T}{\pi d^3} \tag{4.13}$$

ここで，$Z_P=I_P/a$ は**極断面係数** (polar section modulus) と呼ばれる．これはねじりに対する断面の強さを表し，円形断面では次式で表される．

$$Z_P=\frac{\pi a^3}{2}=\frac{\pi d^3}{16} \tag{4.14}$$

4.1.2 断面二次極モーメント

図 4.5 に示す，一断面上の断面二次極モーメント I_P を求める．この面の z 軸を通る一点 O から面上の任意の一点 P までの距離を r とすると，任意点 P の微小面積 dA の z 軸に関する面積二次極モーメント $r^2 dA$ を，二次極モーメントという．この二次極モーメントを断面全体について積分したものが，断面二次極モーメントであり，式 (4.8) である．すなわち

$$I_P=\int_A r^2 dA \tag{4.8}$$

O 点のまわりにおいて，$r^2=x^2+y^2$ の関係から，断面二次極モーメント I_P は次式となる．

$$I_P=\int_A (x^2+y^2)dA=\int_A x^2 dA+\int_A y^2 dA=I_y+I_x \tag{4.15}$$

4.1 円形断面軸のねじり

ただし，I_x，I_y は x 軸，y 軸に関する断面二次モーメントである．なお，断面が円のとき対称性から $I_x = I_y$ である．

例題 4.3 半径 a（直径 d）の円形断面の断面二次極モーメント I_P を求めよ．また，$a=2$ cm とすると，I_P はいくらか．

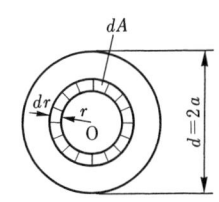

図 4.6 中心から r の距離にある微小面積要素

（解）図 4.6 で，円の中心から半径 r の位置に微小面積部分 dA をとる．$dA = 2\pi r dr$ である．この dA を式（4.8）に代入して積分すると，I_P が次式のように求まる．

$$I_P = \int_A r^2 dA = \int_0^a r^2 \cdot 2\pi r dr = 2\pi \int_0^a r^3 dr = \frac{\pi a^4}{2} = \frac{\pi d^4}{32} \quad (4.16)$$

また，$I_P = \dfrac{\pi}{2}(2\times 10^{-2})^4 = 8\pi \times 10^{-8} = 2.51 \times 10^{-7}$ m^4

例題 4.4 半径 $a = 20$ mm の中実丸軸にねじりモーメント $T = 200$ Nm をかけたときの

① $r = 0$ mm（中心） ② $r = 5$ mm ③ $r = 10$ mm ④ $r = 20$ mm（表面）

の位置でのねじり応力を求めよ．

（解）式（4.12）より，$\tau = \dfrac{2T}{\pi a^4} r$

① $r = 0$ mm の位置では，$\tau = 0$ MPa

② $r = 5$ mm の位置では，
$$\tau = \frac{2 \times 200 \times 5 \times 10^{-3}}{3.14 \times (20 \times 10^{-3})^4} = 4 \text{ MPa}$$

③ $r = 10$ mm の位置では，
$$\tau = \frac{2 \times 200 \times 10 \times 10^{-3}}{3.14 \times (20 \times 10^{-3})^4} = 8 \text{ MPa}$$

④ $r = 20$ mm の位置では，
$$\tau = \frac{2 \times 200 \times 20 \times 10^{-3}}{3.14 \times (20 \times 10^{-3})^4} = 16 \text{ MPa}$$

ねじり応力は中心でゼロ，そして半径に比例して大きくなり，表面で最大となることがわかる．

例題 4.5 半径が a と $3a$ の，同じ材質から作られた2本の丸軸がある．同じ大きさのねじりモーメント T を作用させると，生じる最大ねじり応力と比ねじり角はどうなるか．

（解）式（4.13）および式（4.10）より，半径 a の丸軸の場合

$$\tau_{max}=\frac{2T}{\pi a^3}, \quad \theta=\frac{2T}{\pi a^4 G}$$

半径が $3a$ の丸軸の場合

$$\tau_{max}=\frac{2T}{\pi (3a)^3}=\frac{1}{27}\cdot\frac{2T}{\pi a^3}, \quad \theta=\frac{2T}{\pi (3a)^4 G}=\frac{1}{81}\cdot\frac{2T}{\pi a^4 G}$$

ゆえに，半径を3倍にすると最大ねじり応力は 1/27 に，比ねじり角は 1/81 に減少する．

例題 4.6 形状が同じ（半径 a と長さ l が同じ）で，アルミニウムと鋼から作られた2つの丸軸がある．同じ大きさのねじりモーメント T を作用させたとき，2つの丸軸に生じる最大ねじり応力とねじり角の比を求めよ．ただし，アルミニウムと鋼のせん断弾性係数 G_A，G_S を $G_A=26$ GPa，$G_S=80$ GPa とする．

（解）式（4.13）および式（4.11）より

$$\frac{\tau_A}{\tau_S}=\frac{\dfrac{2T}{\pi a^3}}{\dfrac{2T}{\pi a^3}}=1$$

$$\frac{\phi_A}{\phi_S}=\frac{\dfrac{2Tl}{\pi a^4 G_A}}{\dfrac{2Tl}{\pi a^4 G_S}}=\frac{G_S}{G_A}=\frac{80\times 10^9}{26\times 10^9}=3.1$$

最大ねじり応力は材質に依存しないから等しい．しかし，ねじれ角の比はせん断弾性係数の逆数の比となる．本例題の場合，アルミニウム材の方が鋼材よりも 3.1 倍ねじれる．

例題 4.7 長さ $l=3$ m，直径 $d=6$ cm の中実丸軸に $T=1$ kN·m のねじりモーメントが作用するとき，丸軸の最大ねじり応力とねじれ角を求めよ．ただし，丸軸の横弾性係数 G を $G=80$ GPa とする．

（解）式（4.13）より，最大ねじり応力は

$$\tau_{max}=\frac{16T}{\pi d^3}=\frac{16\times 1\times 10^3}{3.14\times (6\times 10^{-2})^3}=23.6 \text{ MPa}$$

式（4.11）より，ねじれ角は

$$\phi=\frac{32Tl}{\pi d^4 G}=\frac{32\times 1\times 10^3\times 3}{3.14\times (6\times 10^{-2})^4\times 80\times 10^9}=2.95\times 10^{-2} \text{ rad}=1.69°$$

4.1.3 中空丸軸のねじり

図4.4からもわかるように,丸軸においては断面中心付近でのねじり応力は小さい.それゆえ,軸材料を有効に利用するためには中空断面とすればよい.

中空丸軸をねじる場合も中実丸軸のねじりと同様な考え方で解析できる.図4.7に示すように横断面内でのねじり応力 τ は,中実丸軸の場合と同様,中心からの距離 r に比例する.それゆえ,ねじりモーメント T とねじり応力 τ の関係も式(4.12)と変わらない.ただし,式(4.12)中で,断面二次極モーメント I_P は中空丸軸断面のものを使わなければならない.中空丸軸の外径を d_2,内径を d_1 とし,内外径比を $n = d_1/d_2$ とすると,式(4.8)より,中空断面の断面二次極モーメント $I_{P'}$ は

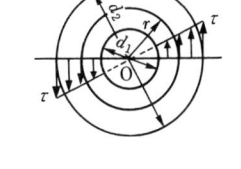

図4.7 中空丸軸の断面でのせん断応力分布

$$I_{P'} = \int_A r^2 dA = \int_{\frac{d_1}{2}}^{\frac{d_2}{2}} 2\pi r^3 dr = \frac{\pi}{32}(d_2^4 - d_1^4) = \frac{\pi d_2^4}{32}(1-n^4) \tag{4.17}$$

したがって,比ねじれ角 θ' は,式(4.10)より

$$\theta' = \frac{T}{GI_{P'}} = \frac{32T}{\pi G(d_2^4 - d_1^4)} = \frac{32T}{\pi G d_2^4 (1-n^4)} \tag{4.18}$$

また,ねじり応力 τ' は,式(4.12)より

$$\tau' = \frac{T}{I_{P'}} r = \frac{32T}{\pi(d_2^4 - d_1^4)} r = \frac{32T}{\pi d_2^4 (1-n^4)} r \tag{4.19}$$

最大ねじり応力 τ_{max}' は外周に生じ,式(4.13)より

$$\tau_{max}' = \frac{16Td_2}{\pi(d_2^4 - d_1^4)} = \frac{16T}{\pi d_2^3 (1-n^4)} \tag{4.20}$$

となる.中実丸軸の場合は以上の式で,$n=0$ とおけばよい.

例題 4.8 中空丸軸の外径が $d_2 = 200\,\text{mm}$,内径が $d_1 = 120\,\text{mm}$ とし,横弾性係数 $G = 80\,\text{GPa}$ とする.

① 棒の許容ねじり応力を $\tau_a = 10\,\text{MPa}$ とすると,加えるねじりモーメント T の最大値を求めよ.

② 棒の許容比ねじれ角を $\theta_a = 0.25°/\text{m}$ とすると,加えるねじりモーメント T の最大値を求めよ.

(解)
① 式(4.20)より

$$T = \frac{\pi(d_2^4 - d_1^4)\tau_{max}'}{16d_2}$$

上式で,$\tau_{max}' = \tau_a = 10\,\text{MPa}$ とおくと

$$T = \frac{\pi(0.2^4 - 0.12^4) \times 10 \times 10^6}{16 \times 0.2} = 1.37 \times 10^4 \,\text{Nm}$$

② 式 (4.18) より

$$T = \frac{\pi G(d_2^4 - d_1^4)\theta'}{32}$$

上式で，$\theta' = \theta_a = 0.25°/\text{m} = 4.36 \times 10^{-3}\,\text{rad/m}$ とおくと

$$T = \frac{G\pi(d_2^4 - d_1^4)\theta_a}{32} = \frac{80 \times 10^9 \times \pi \times (0.2^4 - 0.12^4)}{32} \times 4.36 \times 10^{-3}$$

$$= 4.77 \times 10^4 \,\text{Nm}$$

例題 4.9 外径がともに d である中実丸軸と中空丸軸がある．おのおのに同じねじりモーメント T を作用させるとき，それらに生じる最大ねじり応力と質量比を比較せよ．ただし，中空丸軸の内外径比を n とし，$n = 1/5, 1/4, 1/2$ の場合について求めよ．

（解）中実丸軸，中空丸軸の最大ねじり応力をそれぞれ τ，τ' とすると，式 (4.13) および式 (4.20) より

$$\tau = \frac{16T}{\pi d^3}, \quad \tau' = \frac{16T}{\pi d^3(1-n^4)}$$

ゆえに

$$\frac{\tau'}{\tau} = \frac{1}{1-n^4}$$

また，質量比は横断面積比 A'/A である．すなわち

$$\frac{A'}{A} = 1 - n^2$$

$n = 1/5, 1/4$ および $1/2$ のときの τ'/τ と A'/A を求める．

① $n = \dfrac{1}{5}$ のとき

$$\frac{\tau'}{\tau} = \frac{1}{1-n^4} = \frac{625}{624} \cong 1.002$$

$$\frac{A'}{A} = 1 - n^2 = \frac{24}{25} = 0.96$$

② $n = \dfrac{1}{4}$ のとき

$$\frac{\tau'}{\tau} = \frac{1}{1-n^4} = \frac{256}{255} \cong 1.004$$

$$\frac{A'}{A} = 1 - n^2 = \frac{15}{16} = 0.9375$$

③ $n = \dfrac{1}{2}$ のとき

$$\frac{\tau'}{\tau} = \frac{1}{1-n^4} = \frac{16}{15} \cong 1.067$$

$$\frac{A'}{A} = 1 - n^2 = \frac{3}{4} = 0.75$$

内外径比 n が 1/2 以下なら，生じる最大ねじり応力は両軸ともにほぼ等しいが，質量は最大 25% 小さくなることがわかる．

4.2　伝　動　軸

　各種機械においてモータ等の出力は軸を通して歯車等に伝達される．回転しながら，ねじりモーメントによって仕事を伝達する軸を**伝動軸**(transmission shaft) という．この節では伝動軸について考える．

　T (N·m) のねじりモーメントを角速度 ω (rad/s) で伝える伝動軸がある．1秒間に伝達される仕事すなわち伝動軸が伝える動力 H は次式となる．

$$H = T\omega \tag{4.21}$$

伝動軸の回転数を n (s^{-1}) とすると，$\omega = 2\pi n$ (rad/s) であるから，式 (4.21) は

$$H = T\omega = 2\pi n T \text{ (W)} \tag{4.22}$$

なお，SI 単位系における動力の単位は，W (ワット) である．

例題 4.10　1 kN·m のトルクを角速度 20 rad/s で伝える伝動軸がある．動力はいくらか．

(解)　式 (4.21) より

　　動力　$H = T\omega = 1 \times 10^3 \times 20 = 2 \times 10^4 \text{ W} = 20 \text{ kW}$

例題 4.11　1 kNm のトルクを 1 分間で 1800 回転で伝える伝動軸がある．動力はいくらか．

(解)　1 秒間では，$n = 1800 \div 60 = 30$ (1/s) の回転数で伝える．式 (4.22) より
$$H = 2\pi n T = 2\pi \times 30 \times 1 \times 10^3 = 18.8 \times 10^4 \text{ W} = 188 \text{ kW}$$

　伝動軸のねじれ角が大きくなると，ねじり振動その他の原因となる．そこで，伝動軸の直径の設計においては，最大ねじり応力から決める場合と比ねじれ角から決める場合の2つを考慮しなければならない．

　最大ねじり応力から直径 d を決める場合，式 (4.22) の T を式 (4.13) に代入し，最大ねじり応力 τ_{max} を軸材料の許容ねじり応力 τ_a に等しいとおいて d を求める．すなわち

$$d = \sqrt[3]{\frac{16T}{\pi\tau_a}} = \sqrt[3]{\frac{16}{\pi\tau_a} \cdot \frac{H}{2\pi n}} \quad \text{(m)} \tag{4.23}$$

　比ねじれ角から直径 d を決める場合，式 (4.22) の T を式 (4.10) に代入し，比ねじれ角 θ を許容しうる比ねじれ角 θ_a に等しいとおいて d を求める．すなわち

$$d = \sqrt[4]{\frac{32T}{\pi G \theta_a}} = \sqrt[4]{\frac{32}{\pi G \theta_a} \cdot \frac{H}{2\pi n}} \quad \text{(m)} \tag{4.24}$$

許容しうる比ねじれ角 θ_a は，軸の長さ 1 m 当たり $1/4°\sim1/6°$ 程度にとるのが普通である．たとえば，$\theta_a=1/4°$，$G=80$ GPa（軟鋼）とすると，伝動軸の直径 d は次のように決まる．

$$d = \sqrt[4]{\frac{32 \times 4 \times 180}{\pi \times 80 \times 10^9 \times \pi} \times \frac{H}{2\pi n}} = 0.0082 \times \sqrt[4]{\frac{H}{n}} \quad \text{(m)} \quad (4.25)$$

伝動軸の直径 d は，このうちの大きい方をとればよい．

例題 4.12 回転数 30 (1/s) で 1500 kW の動力を伝える伝動軸がある．許容ねじり応力を $\tau_a=30$ MPa，許容比ねじれ角を $\theta_a=1/4°$ とするとき必要な軸の直径を求めよ．ただし，材料の横弾性係数を $G=80$ GPa とする．

（解）許容ねじり応力から直径を決める場合，式 (4.23) を用いると

$$d = \sqrt[3]{\frac{16}{\pi \tau_a} \cdot \frac{H}{2\pi n}} = \sqrt[3]{\frac{16}{3.14 \times 30 \times 10^6} \cdot \frac{1500 \times 10^3}{2 \times 3.14 \times 30}} = 0.111 \text{ m} = 11.1 \text{ cm}$$

また，許容比ねじれ角から直径を決める場合，式 (4.25) を用いると

$$d = 0.0082 \times \sqrt[4]{\frac{1500 \times 10^3}{30}} = 0.123 \text{ m} = 12.3 \text{ cm}$$

伝動軸の直径は設計上，値の大きい方をとればよいから $d=12.3$ cm となる．

例題 4.13 車の動力伝達機構を考える．図 4.8 に示すようにエンジンで産出された動力は回転力としてプロペラ軸を通じて差動歯車に伝えられ，これが車軸を伝わってタイヤが回転する．エンジンからの動力が $H=60$ kW，回転数が $n=60(1/s)$ であるとき，このプロペラ軸に中空軸を使用するものとして，外直径を $d_2=60$ mm とすれば，内直径 d_1 はいくらにすればよいか．ただし，変速機の減速比を 3 とし，軸の許容ねじり応力を $\tau_a=80$ MPa とする．

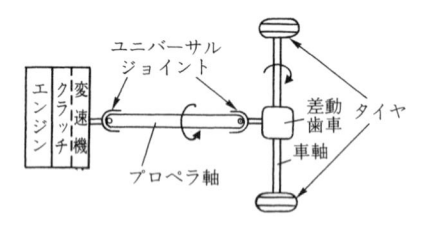

図 4.8 車の動力伝達機構

（解）変速機の減速比が 3 であるから，回転数 n は $60/3=20$ (1/s) となる．伝達トルク T は，式 (4.22) より

$$T = \frac{60 \times 10^3}{2\pi \times 20} = \frac{60 \times 10^3}{40\pi} = 477.5 \text{ Nm}$$

伝達トルクと最大ねじり応力との間の関係は，式 (4.20) で与えられているから，すなわち

$$\tau_{max}' = \frac{16 T d_2}{\pi (d_2^4 - d_1^4)}$$

$\tau_{\max}' = \tau_a = 80\,\mathrm{MPa}$ であるから，内直径 d_1 は

$$d_1 = \sqrt[4]{d_2^4 - \frac{16\,T d_2}{\pi \tau_a}} = \sqrt[4]{(0.06)^4 - \frac{16 \times 477.5 \times 0.06}{\pi \times 80 \times 10^6}} = 0.0578\,\mathrm{m} = 57.8\,\mathrm{mm}$$

4.3　円形でない断面をもつ軸のねじり

円形でない断面をもつ軸をねじると，横断面は平面を保つことができず，また軸方向にもゆがんで変形する．このため，円形断面をねじる場合に仮定したクーロンの仮定が成立しなくなり解析は複雑になる．このような円形でない断面をもつ軸のねじりの解析は弾性学の分野の問題であるが，ここでは楕円形断面形状と長方形断面形状をもつ軸について結果のみを示すことにする．

4.3.1　楕円形断面軸のねじり

図 4.9 に示すような長軸 $2a$，短軸 $2b$ の楕円形断面軸をトルク T でねじる場合，断面の図心から両軸に沿ってのねじり応力分布は図に示すように直線となる．最大ねじり応力 τ_1 は短軸の両端 B に生じ，次式となる．

$$\tau_1 = \tau_{\max} = \frac{2T}{\pi a b^2} \tag{4.26}$$

また，長軸の両端 A に生じる応力 τ_2 は外周全体の中で最小となる．つまり

$$\tau_2 = \tau_{\min} = \frac{2T}{\pi a^2 b} \tag{4.27}$$

比ねじれ角 θ は次式となる．

$$\theta = \frac{(a^2 + b^2)T}{\pi a^3 b^3 G} \tag{4.28}$$

図 4.9　楕円形断面軸内でのねじり応力分布

4.3.2　長方形断面軸のねじり

図 4.10 に示すような長辺 a，短辺 b の長方形断面軸をトルク T でねじる場合，最大ねじり応力 $\tau_{\max}$ は長辺上の中点 A に生じ，その値は次式となる．

$$\tau_1 = \tau_{\max} = \frac{T}{K_1 a b^2} \tag{4.29}$$

また，短辺に沿って生じるねじり応力もその中点 B で極大値 τ_2 をとり，その値は次式となる．

$$\tau_2 = K_2 \tau_1 \tag{4.30}$$

なお，角の点 P, Q, R, S でねじり応力はゼロとなる．比ねじれ角 θ は次式となる．

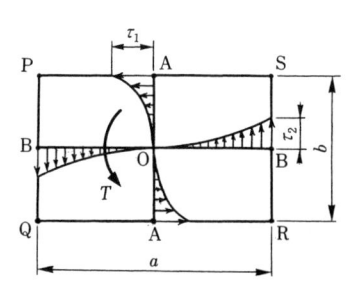

図 4.10　長方形断面軸内でのねじり応力分布

$$\theta = \frac{T}{K_3 ab^3 G} \qquad (4.31)$$

ここで,係数 K_1, K_2 および K_3 は長辺と短辺の長さの比 a/b に関係する定数であり,これを表 4.1 に示す.

表 4.1 長方形断面軸の a/b と係数 K_1, K_2, K_3 の値

a/b	1.0	1.25	1.5	2.0	3.0	4.0	5.0	6.0	8.0	10.0	∞
K_1	0.208	0.221	0.231	0.246	0.267	0.282	0.290	0.299	0.307	0.312	0.333
K_2	1.000	0.916	0.859	0.795	0.753	0.745	0.744	0.743	0.742	0.742	0.742
K_3	0.141	0.172	0.196	0.229	0.263	0.281	0.290	0.299	0.307	0.312	0.333

表 4.1 で a/b が 1.0 の場合,つまり正方形断面軸のねじりにおいて,$K_1 = 0.208$,$K_3 = 0.141$ であるから,最大ねじり応力 τ_{max} および比ねじれ角 θ は次式となる.

$$\tau_{max} = \tau_1 = \tau_2 = 4.81 \frac{T}{a^3}, \quad \theta = 7.09 \frac{T}{a^4 G} \qquad (4.32)$$

また,表 4.1 で a/b が大きくなると,K_1 と K_3 はともに $1/3$ に近づく.それゆえ,非常に薄い長方形断面軸,つまり板のねじりにおいては,最大ねじり応力 τ_{max} および比ねじれ角 θ は,式 (4.29) および式 (4.31) で $K_1 = K_3 = 1/3$ とおいて次式となる.

$$\tau_{max} = \frac{3T}{ab^2}, \quad \theta = \frac{3T}{ab^3 G} \qquad (4.33)$$

一般に,任意の断面形状をもつ軸のねじりでは,比ねじれ角 θ はねじりモーメント T に比例する.すなわち

$$\theta = \frac{T}{C} \qquad (4.34)$$

ここで,C はねじり剛性で円形断面の場合は $C = GI_P$,長方形断面の場合は $C = K_3 ab^3 G$ である.

例題 4.14 直径が a の円形断面軸と辺の長さが a の正方形断面軸とがあり,それぞれ同じ大きさのねじりモーメント T を受けるとき,生じる最大ねじり応力と比ねじれ角を比較せよ.

(解) 直径が a の円形断面軸に生じる最大ねじり応力 τ_1 と比ねじれ角 θ_1 は式 (4.13) および式 (4.10) より

$$\tau_1 = \frac{16T}{\pi a^3} = 5.09 \frac{T}{a^3}, \quad \theta_1 = \frac{32T}{\pi a^4 G} = 10.2 \frac{T}{a^4 G}$$

また,辺の長さが a の正方形断面軸に生じる最大ねじり応力 τ_2 と比ねじれ角 θ_2 は式 (4.32) より

$$\tau_2 = 4.81 \frac{T}{a^3}, \quad \theta_2 = 7.09 \frac{T}{a^4 G}$$

ゆえに

$$\frac{\tau_1}{\tau_2} = \frac{5.09}{4.81} = 1.06, \quad \frac{\theta_1}{\theta_2} = \frac{10.2}{7.09} = 1.44$$

円形断面軸は正方形断面軸に比較して最大ねじり応力は約6％大きいだけにすぎないが，比ねじれ角は約44％も大きくなることがわかる．

例題 4.15 同一材料からできた3本の軸がある．それらの軸の断面は図4.11に示すように同じ断面積で，形状が円形，楕円形および長方形である．同じ大きさのねじりモーメント $T=6\,\mathrm{kN\cdot m}$ をおのおのの軸に作用させたとき，生ずる比ねじれ角を求めよ．ただし，軸の横弾性係数を $G=80\,\mathrm{GPa}$ とする．

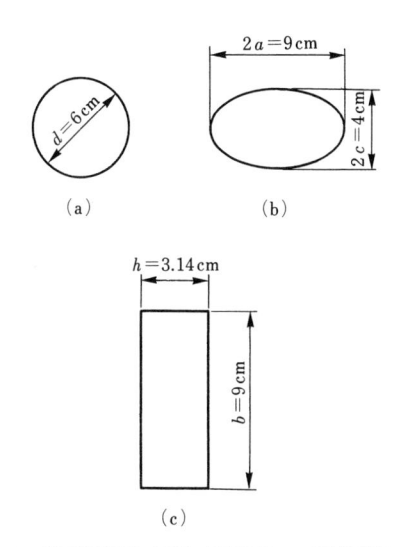

図 4.11 断面積が同じ円形，楕円形および長方形断面軸

（解）
（1）円形断面軸の場合：比ねじれ角 θ_1 は，式（4.10）より

$$\theta_1 = \frac{32\,T}{G\pi d^4} = \frac{32\times 6\times 10^3}{80\times 10^9 \times \pi \times (0.06)^4} = 0.059\,\mathrm{rad/m} = 3.38°/\mathrm{m}$$

（2）楕円形断面軸の場合：比ねじれ角 θ_2 は，式（4.28）より

$$\theta_2 = \frac{a^2+c^2}{\pi a^3 c^3}\cdot\frac{T}{G} = \frac{(0.045^2+0.02^2)\times 6\times 10^3}{\pi\times 0.045^3\times 0.02^3\times 80\times 10^9} = 0.079\,\mathrm{rad/m} = 4.55°/\mathrm{m}$$

（3）長方形断面軸の場合：比ねじれ角 θ_3 は，式（4.31）より

$$\theta_3 = \frac{T}{K_3 ab^3 G} = \frac{6\times 10^3}{0.260\times(0.09)\times(0.0314)^3\times 80\times 10^9} = 0.103\,\mathrm{rad/m} = 5.93°/\mathrm{m}$$

ただし，K_3 は表4.1を用いて，$a/b=2.0$ と3.0の間で比例計算により求めた．

以上より，同じ断面積で，かつ同じ長さの軸に同じ大きさのねじりモーメントを作用させると，この場合は，円形断面，楕円形断面および長方形断面の順にねじれ角が大きくなることがわかる．

演習問題

4.1 直径 10 cm の丸軸の断面二次極モーメント I_P および極断面係数 Z_P を求めよ．また，外径 10 cm，内径 8 cm の中空丸軸の場合についても I_P' および Z_P' を求めよ．

4.2 $n=50(1/\text{s})$ の回転数で 30 kW を伝えている伝動軸の角速度は何 rad であるか．また，軸に加わるトルクは何 Nm であるか．

4.3 直径 10 cm，長さ 3 m の軸にねじりモーメントが働いて，$2.12°$ のねじれ角を生じた．最大ねじり応力を求めよ．また，このときの軸に働いたトルク T はいくらか．ただし，横弾性係数 G を $G=80$ GPa とする．

4.4 直径 d の中実丸軸が角速度 1800 rpm で回転し，1200 kW の動力を伝達する．許容せん断応力を $\tau_a=30$ MPa として軸径 d を求めよ．

4.5 ジャッキの手回しクランクの寸法が，図 4.12 に示すような寸法のとき，人力を 300 N として軸に生じる最大ねじり応力を求めよ．

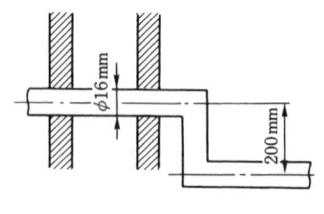

図 4.12

4.6 図 4.13 に示すように AB 部が軟鋼，BC 部が鋳鉄からできている軸がある．AB 部は長さが 1 m，中空で外直径 $d_2=6$ cm，内直径 $d_1=3$ cm である．また，BC 部は長さが 1 m で，直径 d_2 の中実丸軸である．軸に $T=1$ kNm のトルクが作用しているときのねじれ角を求めよ．ただし，軟鋼および鋳鉄の横弾性係数をそれぞれ $G_s=80$ GPa および $G_I=35$ GPa とする．

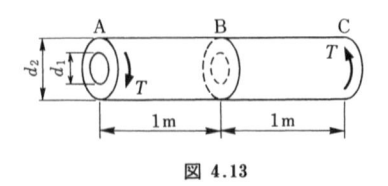

図 4.13

4.7 内径が $d_1=10$ mm と同じであるが，外径および長さが $d_2=20$ mm，$l_1=100$ mm；$d_3=40$ mm，$l_2=200$ mm である段付き中空丸軸が図 4.14 に示すように一端を固定されている．他端に $T=1$ kNm のトルクを受けるとき，各部分に生ずる最大ねじり応力とねじれ角 ϕ を求めよ．ただし，$G=80$ GPa とする．

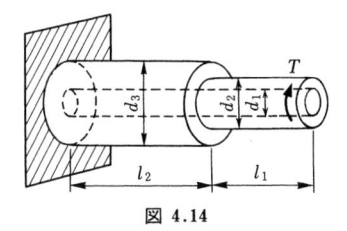

図 4.14

4.8 長径 $2a=60$ mm，短径 $2b=40$ mm，長さ 2 m の楕円形断面軸に 2 kNm のトルクを加えたとき，生じる最大ねじり応力 τ_{max} とねじれ角 ϕ を求めよ．ただし，$G=80$ GPa とする．

4.9 図 4.15 に示すような異なる材料（材料 1 と材料 2）から成る丸軸の両端にねじりモーメント T を作用させるとき，この丸軸に生ずる最大ねじり応力を求めよ．材料 1，材料 2 の横弾性係数をそれぞれ G_1，G_2 とし $G_2 > G_1$ とする．また材料 1 と材料 2 はその接合面で剛に接合されている．

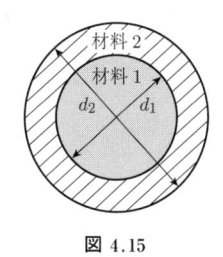

図 4.15

4.10 図 4.16 に示すように両端 A，B で固定された直径 $d=10$ mm の中実丸軸がある．丸軸の横弾性係数が $G=80$ GPa，許容せん断応力が $\tau_a=30$ MPa のとき，C の位置に与えうる最大ねじれ角を求めよ．

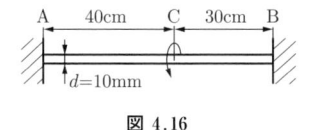

図 4.16

4.11 図 4.17 に示すように直径 d，長さ l の両端を固定した中実丸軸がある．左端 A から長さ a の位置にねじりモーメント T を作用させるとき，固定端 A，B に生ずるねじりモーメントを求めよ．またねじりモーメントを作用させた位置におけるねじれ角を求めよ．なお丸軸の横弾性係数を G とする．

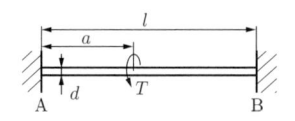

図 4.17

5 組合せ応力

ここまでの章では，1次元の棒に生じる1種類の応力状態について考えてきた．しかし，3章で説明したはりには，曲げモーメントだけではなく，ねじりモーメントや軸力が同時に作用することがあり，4章で説明した軸においてもねじりモーメントだけでなく曲げモーメントが同時に作用することも一般的に起こり得ることである．このような場合は，曲げとねじりと軸力を合成した複雑な応力状態となるため，それらによる応力を別々に考えるのでなく，それらの合応力から，はりや軸の強度を考える必要がある．本章では，主としてそれらの取り扱い方について説明する．

5.1 単軸引張を受ける棒の斜断面における応力

2章で扱った断面積 A の一様な棒の両端に荷重 P が作用する最も簡単な問題を復習してみよう．図5.1に示すように，この棒の軸に垂直な断面 A–A′ に生ずる応力は垂直応力のみ（図5.1(b)）で，その大きさは次式で表された．

$$\sigma = \frac{P}{A} \tag{5.1}$$

それでは，切断面の法線が軸と θ だけ傾いた面 BB′ における応力状態はどのようになるであろうか．図5.1(c)に示すように，外力と釣合うためには，断面 BB′ 上にも軸方向に一様な合応力 p が作用していることが必要である．切断面の面積が $A/\cos\theta$ で与えられることを考慮すれば，次式が成立する．

$$p \times \frac{A}{\cos\theta} = P$$

これを合応力 p について解くと，次式を得る．

$$p = \frac{P}{A}\cos\theta = \sigma\cos\theta \tag{5.2}$$

この合応力 p は切断面 BB′ に対して垂直ではない．それゆえ，この合応力 p を切断面 BB′ に垂直な成分 σ_θ と平行な成分 τ_θ に分解すると

$$\sigma_\theta = p\cos\theta = \sigma\cos^2\theta \tag{5.3}$$

$$\tau_\theta = p\sin\theta = \sigma\sin\theta\cos\theta \tag{5.4}$$

このように，単軸引張の場合でも棒を斜めに切断すれば，その面上では上述したような垂直応力成分とせん断応力成分が共存していることがわか

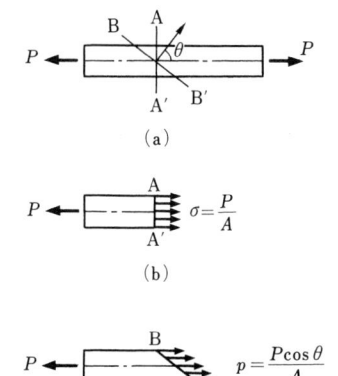

図5.1 一様断面棒の両端に荷重が作用するときの，垂直断面および斜断面での応力

例題 5.1 直径 2 cm の丸棒の両端に荷重 10 kN が作用している.軸と 60°の角をなす面法線をもつ断面における合応力 p,垂直応力 σ_θ およびせん断応力 τ_θ を求めよ.

(**解**) 丸棒の軸に垂直な応力 σ は

$$\sigma = \frac{P}{A} = \frac{10 \times 10^3}{\frac{\pi}{4}(0.02)^2} = 31.8 \text{ MPa}$$

合応力 p は,式(5.2)より

$$p = \sigma \cos\theta = 31.8 \cos 60° = 15.9 \text{ MPa}$$

垂直応力 σ_θ,せん断応力 τ_θ は,式(5.3),(5.4)より

$$\sigma_\theta = \sigma \cos^2\theta = 31.8 \times \frac{1}{4} = 7.95 \text{ MPa}$$

$$\tau_\theta = \sigma \sin\theta \cos\theta = 31.8 \times \frac{\sqrt{3}}{2} \times \frac{1}{2} = 13.8 \text{ MPa}$$

例題 5.2 例題 5.1 で,材料内に生ずる最大せん断応力とその方向を求めよ.

(**解**) せん断応力成分 τ_θ は,式(5.4)より

$$\tau_\theta = \sigma \sin\theta \cos\theta = \frac{\sigma}{2}\sin 2\theta = \frac{31.8}{2}\sin 2\theta = 15.9 \sin 2\theta$$

$\sin 2\theta = 1$ すなわち $2\theta = 90°$.

$\theta = 45°$ のとき,せん断応力は最大値 $\tau_{\theta\max}$ をとる.

$$\tau_{\theta\max} = 15.9 \text{ MPa} \quad (\theta = 45° \text{ のとき})$$

5.2　組合せ応力問題

これまでは主として棒のような一次元構造を取り扱ってきた.前節で一次元構造内の応力は仮想切断面の取り方によって変化することを式(5.3),(5.4)で示した.つまり,応力を求めるには考える面を指定しなければならないことを示した.本章では,二次元構造である平板を取り上げ,この平板に外力が作用したときに発生する垂直応力とせん断応力が仮想切断面の取り方によってどのように変化するかを調べることにする.さらに,この垂直応力やせん断応力はある傾きの切断面のときに極値をとり,これを主応力や主せん断応力と呼んでいる.主応力や主せん断応力の値を知ることは,構造の破損や破壊の判定をする場合に必要となることがある.

5.2.1 垂直応力とせん断応力

図 5.2 に示すように外力を受けて釣合いの状態にある単位厚さの平板を考える．この平板中で長さ dx, dy の微小長方形 AOBC に注目する．外力によって微小長方形の側面には図 5.3 に示すような σ_x, τ_{xy} および σ_y, τ_{yx} の垂直応力とせん断応力とが生じているものとする．このとき，x 軸に角度 θ 傾いた法線 DN をもつ面 AB 上の垂直応力 σ とせん断応力 τ とを求めることにする．なお，対角線 AB の長さを ds とし，図中に示した応力方向を正と定義することにする．

三角形 AOB について，法線 DN 方向の力の釣合いを考えると

$$\sigma ds = \sigma_x dy \cos\theta + \sigma_y dx \sin\theta + \tau_{xy} dy \sin\theta + \tau_{yx} dx \cos\theta \quad (5.5)$$

法線 DN と垂直な方向の力の釣合いを考えると

$$\tau ds = -\sigma_x dy \sin\theta + \sigma_y dx \cos\theta + \tau_{xy} dy \cos\theta - \tau_{yx} dx \sin\theta \quad (5.6)$$

$\tau_{xy} = \tau_{yx}$ および次式で与えられる幾何学的関係

$$\frac{dx}{ds} = \sin\theta, \quad \frac{dy}{ds} = \cos\theta \quad (5.7)$$

を用いると，式 (5.5) および式 (5.6) は次式となる．

$$\begin{aligned}\sigma &= \sigma_x \cos^2\theta + \sigma_y \sin^2\theta + \tau_{xy} \sin 2\theta \\ &= \frac{1}{2}(\sigma_x + \sigma_y) + \frac{1}{2}(\sigma_x - \sigma_y)\cos 2\theta + \tau_{xy} \sin 2\theta\end{aligned} \quad (5.8)$$

$$\tau = -\frac{1}{2}(\sigma_x - \sigma_y)\sin 2\theta + \tau_{xy} \cos 2\theta \quad (5.9)$$

式 (5.8) および式 (5.9) はある点の応力状態が σ_x, σ_y, τ_{xy} で与えられたとき，x 軸と θ 傾いた面の応力状態がこの 3 つの応力成分で表すことができることを示している．

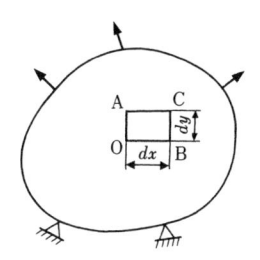

図 5.2 外力を受ける平板

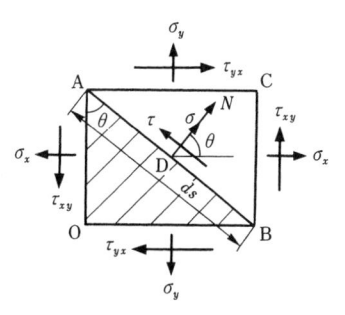

図 5.3 微小部分の側面に存在する垂直応力とせん断応力

例題 5.3 図 5.3 で，応力成分が $\sigma_x = 20$ MPa, $\sigma_y = 60$ MPa, $\tau_{xy} = -20$ MPa であるとき，x 軸とその法線が 22.5° の傾きをなす面に作用する垂直応力 σ とせん断応力 τ を求めよ．

（解）垂直応力 σ, せん断応力 τ は，式 (5.8)，式 (5.9) で与えられるから

$$\begin{aligned}\sigma &= \frac{1}{2}(\sigma_x + \sigma_y) + \frac{1}{2}(\sigma_x - \sigma_y)\cos 2\theta + \tau_{xy} \sin 2\theta \\ &= \frac{1}{2}(20+60) + \frac{1}{2}(20-60)\cos 45° - 20 \sin 45° \\ &= 11.7 \text{ MPa}\end{aligned}$$

$$\begin{aligned}\tau &= -\frac{1}{2}(\sigma_x - \sigma_y)\sin 2\theta + \tau_{xy} \cos 2\theta \\ &= -\frac{1}{2}(20-60)\sin 45° - 20 \cos 45° \\ &= 0 \text{ MPa}\end{aligned}$$

5.2.2 主応力と主せん断応力

図5.3の応力状態において，式 (5.8)，(5.9) によって与えられた垂直応力 σ とせん断応力 τ は θ の値とともに変化する．それゆえ，式 (5.8)，(5.9) の最大値および最小値を調べてみることにする．まず，式 (5.8) で $d\sigma/d\theta=0$ を求め，それを満たす θ を θ_N とすると

$$\sin 2\theta_N = \pm \frac{2\tau_{xy}}{\sqrt{(\sigma_x-\sigma_y)^2+4\tau_{xy}^2}}, \quad \cos 2\theta_N = \pm \frac{(\sigma_x-\sigma_y)}{\sqrt{(\sigma_x-\sigma_y)^2+4\tau_{xy}^2}} \tag{5.10}$$

また

$$\tan 2\theta_N = \frac{2\tau_{xy}}{\sigma_x-\sigma_y} \tag{5.11}$$

式 (5.10) を式 (5.8) に代入すれば，垂直応力の最大値 σ_1 および最小値 σ_2 を求めることができる．すなわち

$$\left.\begin{array}{c}\sigma_1\\ \sigma_2\end{array}\right\} = \frac{1}{2}(\sigma_x+\sigma_y) \pm \frac{1}{2}\sqrt{(\sigma_x-\sigma_y)^2+4\tau_{xy}^2} \tag{5.12}$$

垂直応力 σ が最大および最小となる σ_1，σ_2 を**主応力**（principal stress）といい，主応力方向の軸を**主軸**（principal axis），主応力の働く面を**主応力面**（plane of principal stress）という．なお，式 (5.10) を式 (5.9) に代入すると $\tau=0$ となる．すなわち，主応力面では垂直応力だけが存在し，その値が最大および最小となっている．この主応力状態を図示すると図5.4となる．

次に，式 (5.9) で $d\tau/d\theta=0$ を求め，それを満たす θ を θ_N' とすると

$$\sin 2\theta_N' = \pm \frac{\sigma_x-\sigma_y}{\sqrt{(\sigma_x-\sigma_y)^2+4\tau_{xy}^2}}, \quad \cos 2\theta_N' = \pm \frac{2\tau_{xy}}{\sqrt{(\sigma_x-\sigma_y)^2+4\tau_{xy}^2}} \tag{5.13}$$

また

$$\tan 2\theta_N' = -\frac{\sigma_x-\sigma_y}{2\tau_{xy}} \tag{5.14}$$

式 (5.13) を式 (5.9) に代入すれば，せん断応力の最大値 τ_1 および最小値 τ_2 を求めることができる．すなわち

$$\left.\begin{array}{c}\tau_1\\ \tau_2\end{array}\right\} = \pm \frac{1}{2}\sqrt{(\sigma_x-\sigma_y)^2+4\tau_{xy}^2} = \pm \frac{\sigma_1-\sigma_2}{2} \tag{5.15}$$

せん断応力 τ が最大値 τ_1 および最小値 τ_2 となる応力を**主せん断応力**（principal shearing stress）といい，その作用する面を**主せん断応力面**（plane of principal shearing stress）という．

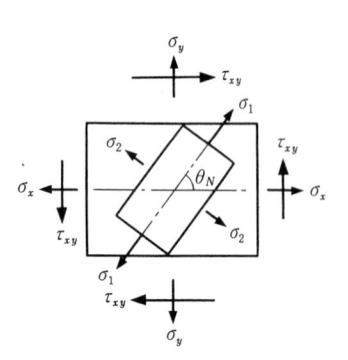

図 5.4 主応力状態

式 (5.11) および式 (5.14) より

$$\tan 2\theta_N \cdot \tan 2\theta_N' = -1 \qquad (5.16)$$

となるから，θ_N と θ_N' との差は 45°となる．すなわち，主応力面と主せん断応力面とは互いに 45°の角をなす．

以上から明らかなように，ある点での $(\sigma_x, \sigma_y, \tau_{xy})$ の値が決まったとき，式 (5.10)～式 (5.15) によって，主応力，主せん断応力およびそれらの作用面を求めることができる．

例題 5.4 図 5.5 に示す平板の側面に $\sigma_x = 50$ MPa，$\sigma_y = -10$ MPa および $\tau_{xy} = 40$ MPa が作用するとき，主応力と主応力面および最大せん断応力を求めよ．

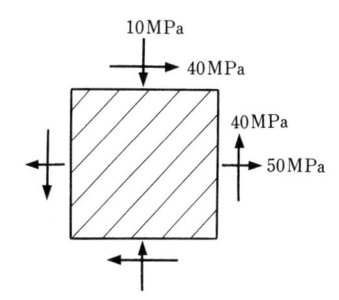

図 5.5 側面に垂直応力とせん断応力が存在する平板

（解）　主応力 σ_1，σ_2 は式 (5.12) より

$$\sigma_1 = \frac{\sigma_x + \sigma_y}{2} + \frac{1}{2}\sqrt{(\sigma_x - \sigma_y)^2 + 4\tau_{xy}^2}$$

$$= \frac{50-10}{2} + \frac{1}{2}\sqrt{(50+10)^2 + 4\times 40^2} = 70 \text{ MPa}$$

$$\sigma_2 = \frac{\sigma_x + \sigma_y}{2} - \frac{1}{2}\sqrt{(\sigma_x - \sigma_y)^2 + 4\tau_{xy}^2} = -30 \text{ MPa}$$

主応力面は式 (5.11) より

$$\theta_N = \frac{1}{2}\tan^{-1}\left(\frac{2\tau_{xy}}{\sigma_x - \sigma_y}\right) = \frac{1}{2}\tan^{-1}\left(\frac{2\times 40}{50-(-10)}\right) = 26.5°$$

最大せん断応力 τ_{max} は式 (5.15) より

$$\tau_{max} = \tau_1 = \frac{\sigma_1 - \sigma_2}{2} = 50 \text{ MPa}$$

5.2.3 モールの応力円

前項で説明した主応力や主せん断応力は**モールの応力円**（Mohr's stress circle）を使って図式的に容易に求めることができる．以下この応力円について説明する．

式 (5.8) および式 (5.9) から，$\sin 2\theta$，$\cos 2\theta$ を消去すると次式が得られる．

$$\left(\sigma-\frac{\sigma_x+\sigma_y}{2}\right)^2+\tau^2=\left(\frac{\sigma_x-\sigma_y}{2}\right)^2+\tau_{xy}^2 \tag{5.17}$$

横軸をσ,縦軸をτとする座標軸を考えると,式(5.17)は円の方程式を表している.それゆえ,点C$((\sigma_x+\sigma_y)/2,\ 0)$を中心とし,半径が$\sqrt{((\sigma_x-\sigma_y)/2)^2+\tau_{xy}^2}$である円を描くと図5.6に示すようになる.この円をモールの応力円という.

図5.3に示すx軸に垂直な面(x面)およびy軸に垂直な面(y面)に作用する垂直応力とせん断応力を点P$(\sigma_x,\ \tau_{xy})$および点Q$(\sigma_y,\ -\tau_{xy})$で表すなら,これらの点は式(5.17)を満たすからモールの応力円上に存在することがわかる.それらを図示すると,図5.6に示すように点Pと点Qは中心点Cを対称とする位置にくる.つまり,点Pと点Qを結ぶ直線はこの円の直径となっている.なおσ軸と半径$\overline{CP}$とのなす角を$2\theta_N$とすると$2\theta_N$については次式が成立する.

$$\tan 2\theta_N = \frac{2\tau_{xy}}{\sigma_x-\sigma_y} \tag{5.18}$$

すなわち,式(5.18)は式(5.11)と一致するから,このθ_Nは主応力面とx軸とのなす角を示している.

さらに,図5.3のN面に作用する垂直応力とせん断応力を表す点を点D$(\sigma,\ \tau)$とし,半径を反時計回りに2θ回転した円周上に,この点Dをとると,その座標$\sigma,\ \tau$は

$$\sigma=\overline{OC}+\overline{CD}\cos(2\theta-2\theta_N)$$
$$=\overline{OC}+\overline{CP}(\cos 2\theta \cos 2\theta_N+\sin 2\theta \sin 2\theta_N)$$

$\overline{CP}\cos 2\theta_N=(\sigma_x-\sigma_y)/2$,$\overline{CP}\sin 2\theta_N=\tau_{xy}$であるから,これらを上式に代入すると

$$\sigma=\frac{\sigma_x+\sigma_y}{2}+\frac{\sigma_x-\sigma_y}{2}\cos 2\theta+\tau_{xy}\sin 2\theta \tag{5.19}$$

同様にして

$$\tau=-\overline{CD}\sin(2\theta-2\theta_N)$$
$$=-\overline{CP}(\sin 2\theta \cos 2\theta_N-\cos 2\theta \sin 2\theta_N) \tag{5.20}$$
$$=-\frac{\sigma_x-\sigma_y}{2}\sin 2\theta+\tau_{xy}\cos 2\theta$$

となり,任意点の応力を示す式(5.8)および式(5.9)と一致する.一方,この円とσ軸との交点をA,Bとすると

$$\overline{OA}=\overline{OC}+\overline{CA}=\frac{\sigma_x+\sigma_y}{2}+\frac{1}{2}\sqrt{(\sigma_x-\sigma_y)^2+4\tau_{xy}^2}=\sigma_1 \tag{5.21}$$

$$\overline{OB}=\overline{OC}-\overline{CB}=\frac{\sigma_x+\sigma_y}{2}-\frac{1}{2}\sqrt{(\sigma_x-\sigma_y)^2+4\tau_{xy}^2}=\sigma_2 \tag{5.22}$$

となり,点A,Bは主応力σ_1,σ_2を表す点となっていることがわかる.さ

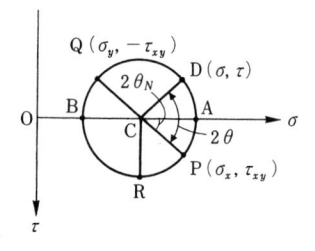

図5.6 モールの応力円

5.2 組合せ応力問題

らに，図の点Rのτ座標を調べると

$$\overline{\text{CR}} = \frac{1}{2}\sqrt{(\sigma_x-\sigma_y)^2+4\tau_{xy}^2} = \tau_1 \tag{5.23}$$

となり，点Rは最大せん断応力を表す点となっていることもわかる．このように，任意の点のσ_x, σ_yおよびτ_{xy}が与えられると，作図により，主応力σ_1, σ_2や最大せん断応力τ_1等を図式的に求めることができる．

例題 5.5 次の応力状態におけるモールの応力円を描け．
① 単軸引張（$\sigma_1=70$ MPa）
② 単軸圧縮（$\sigma_1=-60$ MPa）
③ 純粋せん断（$\tau=40$ MPa）

（解）（図5.7参照）

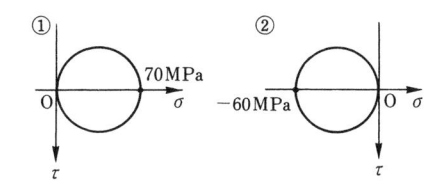

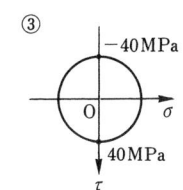

図 5.7　①，②，③の解答

例題 5.6 例題5.4をモールの応力円を描いて解け．

（解） $\sigma_x=50$ MPa, $\sigma_y=-10$ MPa および $\tau_{xy}=40$ MPa であるから，点P，点Qの座標は（50, 40）および（-10, -40）となる．

σ-τ座標系に点P，点Qを図示し，点Pと点Qを結ぶ直線を直径とする円を描く

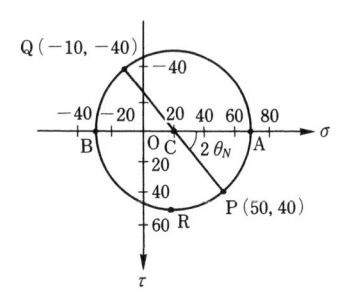

図 5.8　モールの応力円

と図 5.8 に示すようなモールの応力円が描かれる．この図から，主応力 σ_1, σ_2 は σ 軸を横切る点 A, B であるから，図より点 A, B の σ 座標を読むと次のものとなる．

$$\sigma_1 = 70 \text{ MPa}, \quad \sigma_2 = -30 \text{ MPa}$$

また，σ 軸と半径 $\overline{\text{CP}}$ とのなす角，$2\theta_N$ を読むと

$$2\theta_N = 53°$$

ゆえに

$$\theta_N = 26.5°$$

さらに，最大せん断応力 $\tau_{\max}$ は図の点 R の τ 座標であるから，それを読むと次のものとなる．

$$\tau_{\max} = 50 \text{ MPa}$$

例題 5.7 例題 5.1 をモールの応力円を描いて解け．

（解） 丸棒の軸方向を x 軸，それと直角な方向を y 軸とすると，σ_x, σ_y および τ_{xy} は

$$\sigma_x = 31.8 \text{ MPa}, \quad \sigma_y = 0 \text{ MPa}, \quad \tau_{xy} = 0 \text{ MPa}$$

点 P (31.8, 0)，点 Q (0, 0) を σ-τ 座標系に記入する．点 P，点 Q を直径とする円を描くと図 5.9 のようになる．

点 P から反時計回りに 120° 回転した円周上の点を点 D とすると，点 D の σ および τ 座標が垂直応力 σ_θ，せん断応力 τ_θ を与えることになる．すなわち

$$\sigma_\theta = \overline{\text{QC}} + \overline{\text{CD}} \cos 120°$$
$$= \frac{31.8}{2} + \frac{31.8}{2} \cos 120°$$
$$= 15.9 - 7.95 = 7.95 \text{ MPa}$$

$$\tau_\theta = -\overline{\text{CD}} \sin 120°$$
$$= -\frac{31.8}{2} \times \frac{\sqrt{3}}{2} = -13.8 \text{ MPa}$$

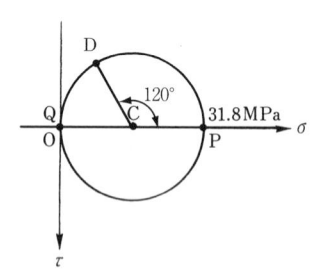

図 5.9 モールの応力円

5.3 応力とひずみの関係

5.3.1 3軸応力下での応力-ひずみ関係

1章で述べたように，引張応力 σ_x のみが作用する場合，これによって生ずるひずみは x 軸方向の引張ひずみ $\varepsilon_x = \sigma_x/E$ の他に，y 軸および z 軸方向に圧縮ひずみ $\varepsilon_y = \varepsilon_z = -\nu\sigma_x/E$ があることを説明した．図 5.10 に示すように σ_x, σ_y, σ_z が同時に作用する 3 軸応力下では，各軸のひずみを重ね合わせればよい．すなわち

$$\left.\begin{array}{l}\varepsilon_x = \dfrac{1}{E}\{\sigma_x - \nu(\sigma_y + \sigma_z)\} \\[6pt] \varepsilon_y = \dfrac{1}{E}\{\sigma_y - \nu(\sigma_z + \sigma_x)\} \\[6pt] \varepsilon_z = \dfrac{1}{E}\{\sigma_z - \nu(\sigma_x + \sigma_y)\}\end{array}\right\} \quad (5.24)$$

この関係を一般化されたフックの法則という．

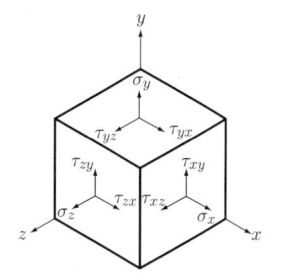

図 5.10 3 軸応力状態

また，せん断応力とせん断ひずみの関係も同様に次式の関係が成立する．

$$\gamma_{xy} = \frac{\tau_{xy}}{G}, \quad \gamma_{yz} = \frac{\tau_{yz}}{G}, \quad \gamma_{zx} = \frac{\tau_{zx}}{G} \quad (5.25)$$

式 (5.24) および式 (5.25) から，これらを応力について表すと

$$\left.\begin{array}{l}\sigma_x = \dfrac{E}{(1+\nu)(1-2\nu)}\{(1-\nu)\varepsilon_x + \nu(\varepsilon_y + \varepsilon_z)\} \\[6pt] \sigma_y = \dfrac{E}{(1+\nu)(1-2\nu)}\{(1-\nu)\varepsilon_y + \nu(\varepsilon_z + \varepsilon_x)\} \\[6pt] \sigma_z = \dfrac{E}{(1+\nu)(1-2\nu)}\{(1-\nu)\varepsilon_z + \nu(\varepsilon_x + \varepsilon_y)\}\end{array}\right\} \quad (5.26)$$

$$\tau_{xy} = G\gamma_{xy}, \quad \tau_{yz} = G\gamma_{yz}, \quad \tau_{zx} = G\gamma_{zx} \quad (5.27)$$

例題 5.8 図 5.11 に示すように，各辺の長さがそれぞれ 5 cm，4 cm，3 cm である直方体に外力が作用している．外力の大きさは x 方向に 1200 N，y 方向に

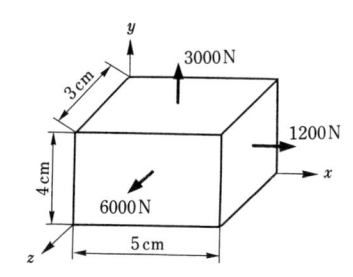

図 5.11 直方体の側面に外力が作用する場合

3000 N, z 方向に 6000 N である．このとき，この直方体に生ずる応力とひずみを求めよ．また，その体積変化も求めよ．ただし，材料はヤング率 E が $E=206$ GPa, ポアソン比 ν が $\nu=0.3$ とする．

(解) 外力は直方体の各面に垂直に作用しているから

$$\sigma_x = \frac{1200}{0.04 \times 0.03} = 1 \times 10^6 \text{ Pa} = 1 \text{ MPa}$$

同様に

$$\sigma_y = \frac{3000}{0.03 \times 0.05} = 2 \text{ MPa}, \quad \sigma_z = \frac{6000}{0.05 \times 0.04} = 3 \text{ MPa}$$

式 (5.24) より

$$\varepsilon_x = \frac{1}{E}\{\sigma_x - \nu(\sigma_y + \sigma_z)\} = \frac{1}{206 \times 10^9}\{1 \times 10^6 - 0.3(2+3) \times 10^6\}$$

$$= -0.243 \times 10^{-5}$$

同様に

$$\varepsilon_y = 0.388 \times 10^{-5}, \quad \varepsilon_z = 1.019 \times 10^{-5}$$

体積ひずみは，式 (1.11) より

$$\varepsilon_v = \varepsilon_x + \varepsilon_y + \varepsilon_z = 1.164 \times 10^{-5}$$

よって，体積変化は

$$\Delta V = \varepsilon_v \times V = 1.164 \times 10^{-5} \times 0.05 \times 0.04 \times 0.03 = 0.698 \times 10^{-9} \text{ m}^3$$

$$= 0.698 \text{ mm}^3$$

5.3.2 平面応力と平面ひずみ

前項で座標軸を適当に選ぶことにより，z 軸方向に関係する応力成分あるいはひずみ成分を 0 とおくことができる場合，ある種の二次元近似が可能である．前者を**平面応力** (plane stress) といい，後者を**平面ひずみ** (plane strain) という．

平面応力近似は薄い板の板厚方向の応力成分が面内の応力成分に比べて十分小さくて無視できる場合に生ずる．板厚方向を z 軸に選べば

$$\sigma_z = 0, \quad \tau_{yz} = 0, \quad \tau_{zx} = 0 \tag{5.28}$$

これを式 (5.24) および式 (5.25) に代入すれば

$$\left.\begin{aligned}
\varepsilon_x &= \frac{1}{E}(\sigma_x - \nu\sigma_y) \\
\varepsilon_y &= \frac{1}{E}(\sigma_y - \nu\sigma_x) \\
\varepsilon_z &= -\frac{\nu}{E}(\sigma_x + \sigma_y) \\
\gamma_{xy} &= \frac{1}{G}\tau_{xy}
\end{aligned}\right\} \tag{5.29}$$

あるいは，式 (5.29) を応力について解くと

$$\left.\begin{array}{l}\sigma_x = \dfrac{E}{1-\nu^2}(\varepsilon_x + \nu\varepsilon_y) \\[6pt] \sigma_y = \dfrac{E}{1-\nu^2}(\varepsilon_y + \nu\varepsilon_x) \\[6pt] \tau_{xy} = G\gamma_{xy}\end{array}\right\} \quad (5.30)$$

例題 5.9 薄い鋼板の表面にひずみゲージを貼り測定した結果，$\varepsilon_x = 150 \times 10^{-6}$，$\varepsilon_y = 250 \times 10^{-6}$ のひずみを生じていた．このとき，σ_x，σ_y を求めよ．ただし，$E = 206$ GPa，$\nu = 0.3$ とする．

（解）鋼板の表面では，板厚方向の応力 σ_z は $\sigma_z = 0$ となる平面応力場である．式 (5.30) より

$$\sigma_x = \frac{E}{1-\nu^2}(\varepsilon_x + \nu\varepsilon_y) = \frac{206 \times 10^9}{1-0.3^2}(150 + 0.3 \times 250) \times 10^{-6} = 50.9 \text{ MPa}$$

$$\sigma_y = \frac{E}{1-\nu^2}(\varepsilon_y + \nu\varepsilon_x) = \frac{206 \times 10^9}{1-0.3^2}(250 + 0.3 \times 150) \times 10^{-6} = 66.8 \text{ MPa}$$

例題 5.10 一辺の長さ $a = 80$ cm の正六面体要素を海面から 500 m の深さに沈めた．この六面体要素に生ずるひずみおよび体積変化を求めよ．ただし，ヤング率 E を $E = 200$ GPa，ポアソン比 ν を $\nu = 0.3$ とする．

（解）深さ 500 m で周囲から押し付けられる圧力は，50 気圧 $\fallingdotseq 5.065$ MPa である．ゆえに，$\sigma_x = \sigma_y = \sigma_z = 5.065$ MPa．正六面体に生じるひずみは，式 (5.24) より

$$\varepsilon_x = \varepsilon_y = \varepsilon_z = \frac{(1-2\nu)\sigma}{E} = \frac{(1-2 \times 0.3) \times 5.065 \times 10^6}{200 \times 10^9} = 1.01 \times 10^{-5}$$

また，体積ひずみは式 (1.11) より

$$\varepsilon_V = \frac{\Delta V}{V} = \varepsilon_x + \varepsilon_y + \varepsilon_z = 3.04 \times 10^{-5}$$

ゆえに，体積変化 ΔV は

$$\Delta V = \varepsilon_V \times V = 3.04 \times 10^{-5} \times (0.8)^3 = 1.56 \times 10^{-5} \text{ m}^3 = 15.6 \text{ cm}^3$$

5.3.3 弾性係数間の関係

フックの法則を表すために用いた弾性係数は，ヤング率 E，せん断弾性係数 G，体積弾性係数 K およびポアソン比 ν であったが，これらのうち独立なものは 2 個だけで，他はその 2 個を用いて表すことができる．本項では，これら弾性係数間に成立する関係を求めることにする．

図 5.12 に示すように，単位立方体の各面に垂直応力のみが作用する場合を考える．x 軸方向，y 軸方向および z 軸方向のひずみをそれぞれ ε_x，ε_y，ε_z とすると，式 (5.24) より，それらは次のように与えられる．

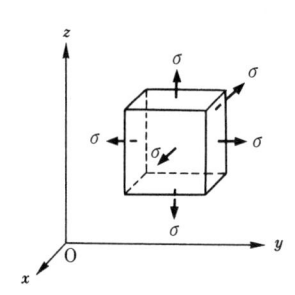

図 5.12 単位立方体の側面に垂直応力が作用する場合

$$\left. \begin{array}{l} \varepsilon_x = \dfrac{1}{E}\{\sigma_x - \nu(\sigma_y + \sigma_z)\} = \dfrac{1-2\nu}{E}\sigma \\[4pt] \varepsilon_y = \dfrac{1}{E}\{\sigma_y - \nu(\sigma_z + \sigma_x)\} = \dfrac{1-2\nu}{E}\sigma \\[4pt] \varepsilon_z = \dfrac{1}{E}\{\sigma_z - \nu(\sigma_x + \sigma_y)\} = \dfrac{1-2\nu}{E}\sigma \end{array} \right\} \quad (5.31)$$

体積ひずみ ε_v は，ε_x，ε_y，ε_z の和で与えられるから

$$\varepsilon_v = \varepsilon_x + \varepsilon_y + \varepsilon_z = \dfrac{3(1-2\nu)}{E}\sigma \quad (5.32)$$

また，σ と ε_v の間には，式（1.15）の関係があるから

$$\sigma = K\varepsilon_v = K \cdot \dfrac{3(1-2\nu)}{E}\sigma \quad (5.33)$$

この関係を体積弾性係数 K について解くと，次式となる．

$$K = \dfrac{E}{3(1-2\nu)} \quad (5.34)$$

例題 5.11 ある材料のヤング率 E が $E=200\,\mathrm{GPa}$，ポアソン比 ν が $\nu=0.3$ であった．この材料の体積弾性係数 K の値を求めよ．

（解）式（5.34）より

$$K = \dfrac{E}{3(1-2\nu)} = \dfrac{200\times 10^9}{3(1-2\times 0.3)} = 167\,\mathrm{GPa}$$

次に，図 5.13 に示すように，側面にせん断応力 τ のみが作用している二

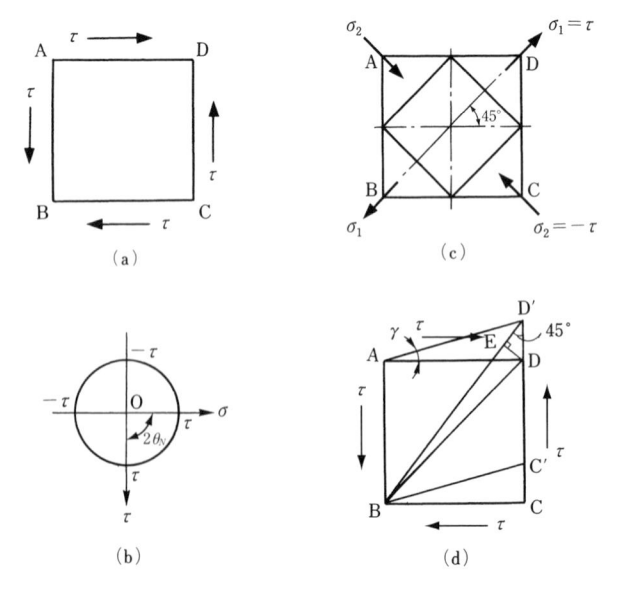

図 5.13 側面にせん断応力のみが作用している二次元正方形平板

次元正方形平板 ABCD を考える．このように側面にせん断応力のみが作用している応力状態を**純せん断**（pure shear）と呼ぶ．この応力状態をモールの応力円を用いて表すと，図 (b) に示すように中心が原点で半径が τ の円となる．図より，主応力 σ_1 および σ_2 を求めると

$$\sigma_1 = \tau, \quad \sigma_2 = -\tau \tag{5.35}$$

また，主応力面は $2\theta_N = 90°$ であるから

$$\theta_N = 45°$$

したがって，純せん断に対する主応力状態は図 (c) のように表すことができる．

一方，せん断応力 τ によって正方形平板 ABCD は図 (d) のように，ひし形 ABC′D′ に変形する．すなわち，主応力 σ_1 方向は伸び，σ_2 方向は縮む．そこで，σ_1 方向の引張ひずみ ε を求めると，ε は D′E/BD と表すことができる．すなわち

$$\varepsilon = \frac{\overline{D'E}}{\overline{BD}} = \frac{\overline{DD'}/\sqrt{2}}{\sqrt{2}\,\mathrm{AD}} = \frac{\gamma}{2} \tag{5.36}$$

ここで，せん断ひずみ γ は，$\gamma = \mathrm{DD'/AD}$ を利用した．このひずみ ε は，BD 面に平行な主応力 σ_1 によるひずみ σ_1/E と，BD 面に垂直な主応力 σ_2 による σ_1 方向のひずみ $-\nu\sigma_2/E$ の和であると考えることができる．すなわち，式 (5.29) である．これより

$$\varepsilon = \frac{\sigma_1}{E} - \frac{\nu \sigma_2}{E} \tag{5.37}$$

式 (5.35) より，$\sigma_1 = \tau$, $\sigma_2 = -\tau$ であるから，これらを式 (5.37) に代入すると

$$\varepsilon = \frac{\tau}{E} + \nu \frac{\tau}{E} = \frac{\tau}{E}(1+\nu) \tag{5.38}$$

一方，$\gamma = \tau/G$ より，この式を式 (5.36) に代入すると

$$\varepsilon = \frac{\tau}{2G} \tag{5.39}$$

式 (5.38) と式 (5.39) より ε を消去し整理すると，次の関係式を得る．

$$G = \frac{E}{2(1+\nu)} \tag{5.40}$$

以上より，ヤング率 E，せん断弾性係数 G，ポアソン比 ν および体積弾性係数 K の間には，式 (5.34) および式 (5.40) のような相互関係があることになる．それゆえ，等方弾性体の場合独立な弾性係数は 2 個であり，このうち 2 個を実験で求めておけば，他は上述の関係式を用いて計算できる．

5章 組合せ応力

例題 5.12 ある材料のヤング率 E が $E=206$ GPa，せん断弾性係数 G が $G=79$ GPa であった．この材料の体積弾性係数 K とポアソン比 ν を求めよ．

（解） 式 (5.40) より

$$G=\frac{E}{2(1+\nu)} \quad \therefore \quad \nu=\frac{E}{2G}-1=0.304$$

また，式 (5.34) より

$$K=\frac{E}{3(1-2\nu)}=175 \text{ GPa}$$

5.4 ねじりと曲げと軸力の組合せ

歯車やベルト車の取り付けられている伝動軸では，動力伝達に伴うねじりモーメントのほかに，歯車の伝達力やベルト車にかかる張力などの横荷重による曲げモーメントを同時に受ける場合が多い．さらに，軸力も受けることがある．そのため，軸の横断面にはねじりモーメントによるねじり応力と曲げモーメントや軸力による垂直応力とが生じるので，これらの合応力の最大値に注目して軸の強度設計をしなければならない．

図 5.14 (a) に示すように，ねじりモーメント T を伝える直径 d の円形断面軸に引張軸力 P および曲げモーメント M が同時に作用する場合を考える．軸線より任意の半径の位置では図 (b) に示すように，ねじりモーメント T によるねじり応力 τ，曲げモーメント M による曲げ応力 σ_b および軸力 P による垂直応力 σ_0 が同時に生じ，組合せ応力状態となる．そこで，図 (b) の応力状態を図 5.3 に示す応力状態と比較すると

$$\sigma_x=\sigma_0+\sigma_b, \quad \sigma_y=0, \quad \tau_{xy}=\tau \tag{5.41}$$

となる．最大主応力 σ_1 および最大せん断応力 $\tau_{\max}$ を式 (5.12) および式 (5.15) を利用して求めると次式となる．

$$\sigma_1=\frac{\sigma_0+\sigma_b}{2}+\frac{1}{2}\sqrt{(\sigma_0+\sigma_b)^2+4\tau^2} \tag{5.42}$$

$$\tau_{\max}=\frac{1}{2}\sqrt{(\sigma_0+\sigma_b)^2+4\tau^2} \tag{5.43}$$

なお，τ の最大値は軸の表面に，また σ_b の最大値は軸の上下表面に生じ，それらの値は式 (4.13) および式 (3.26) で与えられている．また，軸力 P による垂直応力 σ_0 も式 (1.2) で与えられている．

軸の上下表面で，式 (5.42) および式 (5.43) は次式のように表すこともできる．すなわち

$$\sigma_1=\frac{32}{\pi d^3}M_e \tag{5.44}$$

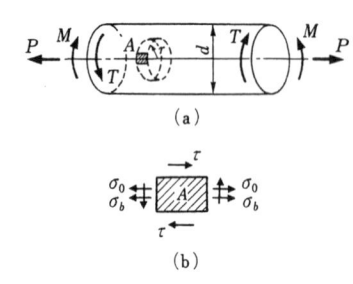

図 5.14 ねじりモーメント，引張軸力および曲げモーメントを受ける円形断面軸

$$\tau_{\max}=\frac{16}{\pi d^3}T_e \qquad (5.45)$$

ここに

$$M_e=\frac{1}{2}\left\{\left(M+\frac{Pd}{8}\right)+\sqrt{\left(M+\frac{Pd}{8}\right)^2+T^2}\right\} \qquad (5.46)$$

$$T_e=\sqrt{\left(M+\frac{Pd}{8}\right)^2+T^2} \qquad (5.47)$$

である．M_e および T_e はそれぞれ**相当曲げモーメント**（equivalent bending moment）および**相当ねじりモーメント**（equivalent twisting moment）と呼ばれる．

例題 5.13 $T=150$ Nm のねじりモーメント，$M=200$ Nm の曲げモーメントおよび $P=20$ kN の引張の軸力を同時に受ける軟鋼製丸軸がある．直径 $d=5$ cm として最大主応力 σ_1，最大せん断応力 $\tau_{\max}$，相当曲げモーメント M_e および相当ねじりモーメント T_e を求めよ．

（解）相当曲げモーメント M_e および相当ねじりモーメント T_e は，式（5.46）および式（5.47）より

$$M_e=\frac{1}{2}\left\{\left(200+\frac{20\times10^3\times0.05}{8}\right)+\sqrt{\left(200+\frac{20\times10^3\times0.05}{8}\right)^2+150^2}\right\}=342 \text{ Nm}$$

$$T_e=\sqrt{\left(200+\frac{20\times10^3\times0.05}{8}\right)^2+150^2}=358 \text{ Nm}$$

また，最大主応力 σ_1 および最大せん断応力 $\tau_{\max}$ は，式（5.44）および式（5.45）より

$$\sigma_1=\frac{32\times342}{3.14\times0.05^3}=27.8\times10^6 \text{ Pa}=27.8 \text{ MPa}$$

$$\tau_{\max}=\frac{16\times358}{3.14\times0.05^3}=14.6\times10^6 \text{ Pa}=14.6 \text{ MPa}$$

例題 5.14 図 5.15 に示すような直径 $d=2$ cm の中実丸軸の先端に直径 $D=20$ cm，重さ 150 N のベルト車が取り付けられている．このベルト車に掛けたベルトにより，$P_1=200$ N の張力を受けている．軸受からベルト車までの距離 $l=15$ cm とすると，この軸表面の主応力を求めよ．

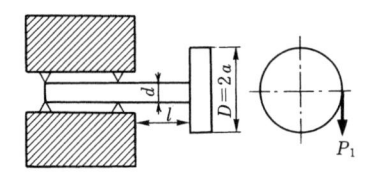

図 5.15 ベルト車が取り付けられている中空丸軸

（解）$P_1 = 200$ N の張力によるねじりモーメント T は
$$T = P_1 \cdot \frac{D}{2} = 200 \times \frac{0.2}{2} = 20 \text{ Nm}$$
また，ベルト車の自重を w とすると，固定端の最大曲げモーメント M は
$$M = (w + P_1)l = 350 \times 0.15 = 52.5 \text{ Nm}$$
主応力は式 (5.44) と式 (5.46) で $P = 0$ とおいて
$$\sigma_{1,2} = \frac{32}{\pi d^3} \cdot \frac{1}{2} \{ M \pm \sqrt{M^2 + T^2} \}$$
$$= \frac{16}{3.14 \times (0.02)^3} \{ 52.5 \pm \sqrt{52.5^2 + 20^2} \} = \frac{2 \times 10^6}{3.14} \times \{108.6, -3.6\}$$
ゆえに
$$\sigma_1 = 69.2 \text{ MPa}, \quad \sigma_2 = -2.3 \text{ MPa}$$

例題 5.15 図 5.16 に示すように丸軸の先端に取り付けられたレバーが荷重 $P_1 = 4$ kN を受けるとき，軸の最大せん断応力が 30 MPa を超えないためには，丸軸の直径はいくらにすればよいか．

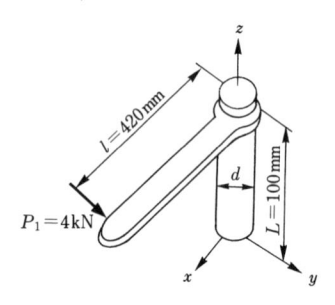

図 5.16 レバーから力を受ける丸軸

（解）発生する応力が最大となる場所は，曲げモーメントが最大となる固定部である．固定部での曲げモーメント M とねじりモーメント T は
$$M = P_1 L = 4 \times 10^3 \times 0.1 = 400 \text{ Nm}$$
$$T = P_1 l = 4 \times 10^3 \times 420 \times 10^{-3} = 1680 \text{ Nm}$$
よって，相当ねじりモーメント T_e は，式 (5.47) で $P = 0$ とおいて
$$T_e = \sqrt{M^2 + T^2} = \sqrt{400^2 + 1680^2} = 1727 \text{ Nm}$$
最大せん断応力が 30 MPa を超えてはいけないから，式 (5.45) より
$$\tau_{\max} = \frac{16}{\pi d^3} T_e = \frac{16}{3.14 d^3} \times 1727 \leq 30 \times 10^6$$
$$\therefore \quad d \geq \sqrt[3]{\frac{16 \times 1727}{3.14 \times 30 \times 10^6}} = 66.4 \times 10^{-3} \text{ m} = 66.4 \text{ mm}$$
ゆえに，丸棒の直径は 66.4 mm 以上であればよい．

演習問題

5.1 図5.17に示すように，直径4 cmの丸棒で，長さ方向に間隔16 cmを取り，その間を斜めに切って，1本の棒を2本に分離する．再び接着剤で2本を接続すると，いくらの引張力で接着部はせん断破壊するか．ただし，接着のせん断強度を4 MPaとする．

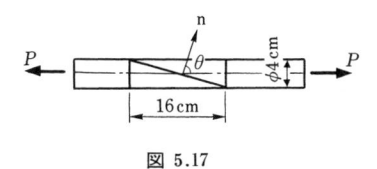

図 5.17

5.2 図5.18に示すように，4 cm×4 cmの正方形断面をもつ短い鋼棒が200 kNの圧縮荷重を受ける．法線方向が荷重の作用線と30°，120°をなす面に働く垂直応力，せん断応力を，式 (5.3) および式 (5.4) を用いて求めよ．

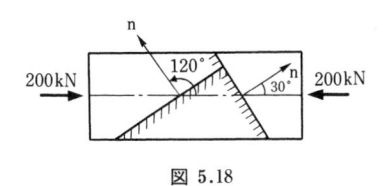

図 5.18

5.3 図5.19に示す直方体で，3辺の寸法が $x=10$ cm, $y=6$ cm, $z=8$ cmである．一様な静水圧 q を受けたとき，x の長さが $-30\,\mu$m 変化した．
① y, z 方向の縮み量 δ_y, δ_z を求めよ．
② 静水圧 q の大きさを求めよ．ただし，$E=200$ GPa, $\nu=0.3$ とする．

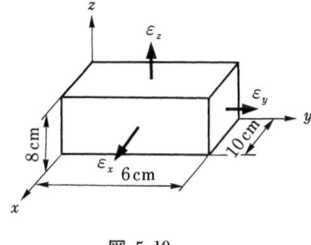

図 5.19

5.4 平板の側面に $\sigma_x=36$ MPa, $\sigma_y=12$ MPa, $\tau_{xy}=5$ MPa が作用するとき，主応力と主せん断応力を求めよ．

5.5 問題5.4をモールの応力円を描いて求めよ．

5.6 図5.20に示すように,長さ $l=1.2$ m,外径 $d_2=150$ mm,内径 $d_1=110$ mm の鋼製パイプが,$P=620$ kN の軸力によって圧縮されている.ヤング率 $E=200$ GPa,ポアソン比 $\nu=0.3$ のとき,次の諸量を求めよ.
① 縮んだ長さ δ
② 横ひずみ ε'
③ 外径の増加量 Δd_2 と内径の増加量 Δd_1
④ パイプの肉厚の増加量
⑤ 材料の体積の増加量 ΔV

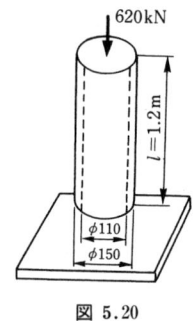

図 5.20

5.7 長さ2m,断面積 5 cm² の正方形断面の鋼棒が 5 kN の引張力と同時に周囲より 20 MPa の圧力を受けるとき,この棒はどれだけ伸びるか.ただし,鋼のヤング率を $E=200$ GPa,ポアソン比を $\nu=0.3$ とする.

5.8 直径 6 cm の伝動軸が 1 kNm の曲げモーメントを受けながら,回転数 $n=10$ (1/s) で回転している.許容せん断応力を 60 MPa とすれば何 kW を伝えることができるか.

5.9 図5.21に示すように,軸の一端に直径 $D=0.8$ m,質量 $m=250$ kg のベルト車が取り付けられている.ベルトを水平方向に掛け,その張力が引張側 10 kN,ゆるみ側 2 kN のとき,軸の直径 d をいくらにすればよいか.ただし,軸の許容ねじり応力 $\tau_a=100$ MPa とする.

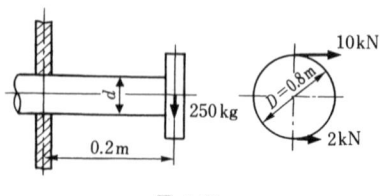

図 5.21

6 座屈

> 長い物差しに長さ方向に圧縮荷重を増加させていくと，ある値を超えるとそれは突然曲がる．薄い板を圧縮した場合も同様である．また，肉厚の非常に小さなパイプをねじると表面に凹凸の変形を生じる．このとき，材料は破損したわけでなく，それらは構造として圧縮荷重を支える能力をなくしたのである．このような現象を**座屈**（buckling）と呼ぶ．細長い部材や薄肉の部材を設計するときは座屈が起こらないようにしなければならない．本章ではこの座屈現象について考える．

6.1 短柱

軸方向に圧縮荷重を受ける棒を**柱**（column）と呼ぶ．柱に加わる圧縮荷重が小さいうちは軸方向に圧縮変形をするだけであるが，圧縮荷重がある大きさを超えると，柱は突然に横方向に曲がる．この現象が座屈であるが，柱の太さを一定にして長さを短くしていくと，座屈荷重（座屈を起こす荷重）は次第に大きくなり，ある長さ以下では座屈する前に降伏が起こる．座屈荷重が降伏荷重より低くなる場合の長い柱を**長柱**（long column）といい，座屈荷重より降伏荷重の方が低くなるような場合の短い柱を**短柱**（short column）という．この節では短柱について考える．

6.1.1 偏心圧縮荷重を受ける短柱

図 6.1 に示すように，軸心から e だけ離れた位置に偏心圧縮荷重 P が作用する場合を考える．図 (b) に示すように軸心に大きさが等しく，方向が正反対の一組の圧縮荷重 P を加える．偏心圧縮荷重 P と荷重 $-P$ とは大きさが等しく，方向が正反対であるから，これらは一組の**偶力**（couple）となる．それゆえ，この問題は，図 (c) に示すように，1 章で説明した軸心に圧縮荷重 P が作用する場合に，3 章で説明した曲げモーメント Pe が作用する場合を重ね合わせた場合と等価になる．すなわち，横断面内の応力 σ は，図 6.2 に示すように，圧縮荷重 P による一様な大きさの圧縮応力 P/A と曲げモーメント Pe による曲げ応力とが同時に生ずる組合せ応力状態となる．ところで，曲げモーメント M が図 6.3 に示すように，断面の主軸 y-z 平面に θ 傾いて作用する場合を考えると，この場合の曲げモーメント M は，2 つの曲げモーメント M_y，M_z に分解できる．合成応力 σ_x はそれら

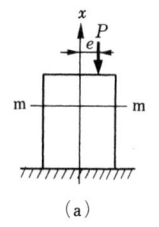

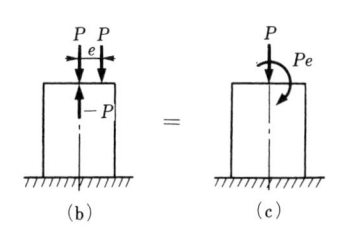

図 6.1 偏心圧縮荷重を受ける柱

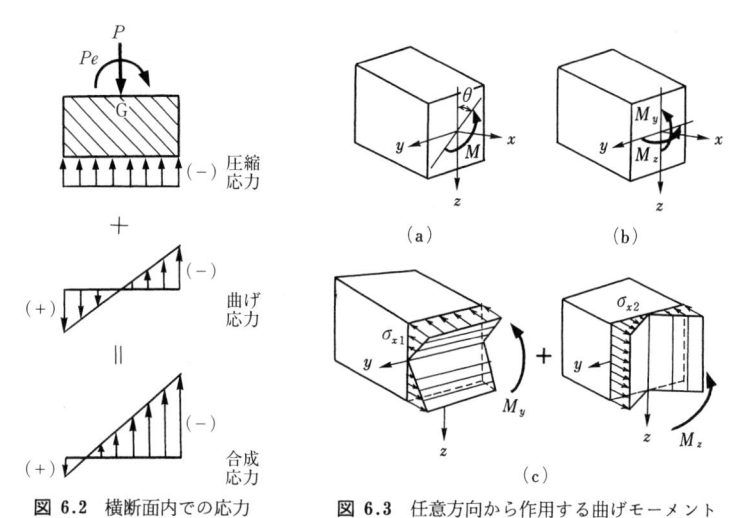

図 6.2 横断面内での応力　　図 6.3 任意方向から作用する曲げモーメント

の結果を重ね合わせることによって求めることができる．すなわち

$$\sigma_x = \sigma_{x1} + \sigma_{x2} = \frac{M_y}{I_y} z + \frac{M_z}{I_z} y \tag{6.1}$$

この式 (6.1) に軸心に作用する圧縮荷重 P によって生ずる垂直応力を重ね合わせると，垂直応力 σ の一般式は次式となる．

$$\sigma = -\frac{P}{A} + \sigma_x = -\frac{P}{A} + \frac{M_y}{I_y} z + \frac{M_z}{I_z} y \tag{6.2}$$

式 (6.2) の右辺第2項および第3項によって，横断面内に引張応力が生ずる場合が出てくる．

例題 6.1　図 6.4 に示すように，断面が 300 mm×400 mm の高さの低いブロックに，図示のような偏心圧縮荷重 3000 kN が作用するとき，最外縁 AB, CD に生ずる応力を求めよ．

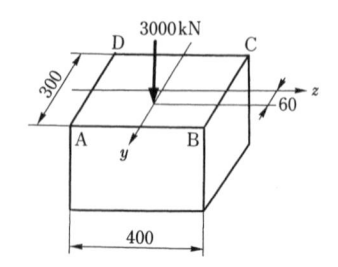

図 6.4 偏心圧縮荷重を受けるブロック

(**解**) 座標軸を図のようにとる．偏心圧縮荷重 3000 kN を軸心に移すと軸心には 3000 kN の圧縮荷重と，z 軸回りのモーメント $M_z = -3 \times 10^6 \times 0.06$ Nm が同時に作用していることになる．ゆえに，応力 σ は，式 (6.2) より

$$\sigma = -\frac{P}{A} + \frac{M_z}{I_z}y = -\frac{3 \times 10^6}{0.3 \times 0.4} - \frac{3 \times 10^6 \times 0.06}{\frac{0.4 \times 0.3^3}{12}}y$$

$$= -25 \times 10^6 - 200 \times 10^6 y$$

最外縁 AB 上では，$y = 0.15$ m を代入して

$$\sigma_{AB} = -25 \times 10^6 - 200 \times 10^6 \times 0.15 = -55 \text{ MPa}$$

最外縁 CD 上では，$y = -0.15$ m を代入して

$$\sigma_{CD} = -25 \times 10^6 + 200 \times 10^6 \times 0.15 = 5 \text{ MPa}$$

それゆえ，最外縁 CD 上では，5 MPa の引張応力が生じている．

例題 6.2 図 6.5 に示すような鋳鉄のブロックが偏心圧縮荷重 P を受けている．ブロックに生ずる最大引張応力を求めよ．ただし，圧縮荷重 $P = 24$ kN とする．

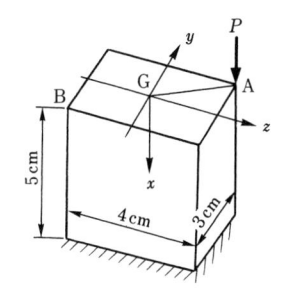

図 **6.5** 偏心圧縮荷重を受ける鋳鉄製ブロック

(**解**) A 点に作用する偏心圧縮荷重 P を図心 G に移す．また，生ずる曲げモーメント M を 2 個の曲げモーメント M_y, M_z に分解すると

$$M_y = -24 \times 10^3 \times 0.02 = -480 \text{ Nm}$$
$$M_z = -24 \times 10^3 \times 0.015 = -360 \text{ Nm}$$

断面二次モーメント I_y, I_z も

$$I_y = \frac{0.03 \times 0.04^3}{12} = 1.6 \times 10^{-7} \text{ m}^4$$

$$I_z = \frac{0.04 \times 0.03^3}{12} = 9 \times 10^{-8} \text{ m}^4$$

式 (6.2) より，垂直応力 σ は

$$\sigma = -\frac{P}{A} + \frac{M_y}{I_y}z + \frac{M_z}{I_z}y = -\frac{24 \times 10^3}{0.04 \times 0.03} - \frac{480}{1.6 \times 10^{-7}}z - \frac{360}{9 \times 10^{-8}}y$$

最大引張応力は，荷重とは反対側の最も遠いところ $z = -0.02$ m，$y = -0.015$ m の点，すなわち，B 点に生ずる．

$$\sigma = -20 \times 10^6 - \frac{480}{1.6 \times 10^{-7}}(-0.02) - \frac{360}{9 \times 10^{-8}}(-0.015)$$

$$= -20 \times 10^6 + 120 \times 10^6 = 100 \text{ MPa}$$

6.1.2 断面の核

 短柱に偏心圧縮荷重が作用する場合，垂直応力に曲げ応力が伴い，横断面は一様な応力分布にはならないことを説明した．図6.6に示すような円形断面の，mn断面には，$M_y=-Pe$，$M_z=0$ だから，次の応力が生じることになる．

$$\sigma=-\frac{P}{A}-\frac{Pe}{I_y}z \tag{6.3}$$

このとき偏心圧縮荷重と反対側に引張応力が生じる可能性のあることを例題で示した．偏心量 e が大きくなると，ますます柱の中に引張領域が増大することになる．コンクリートや鋳鉄などのぜい性材料は引張応力に対してきわめて弱いので，このような引張応力が生じないように十分に注意を払わなければならない．そのために断面全体を圧縮領域とする偏心圧縮荷重の負荷領域を限定する必要がある．そのような偏心圧縮荷重が作用してもよい図心回りの許容領域のことを**断面の核**（core of section）と呼んでいる．

 図6.6に示す円形断面柱の断面の核は，応力がゼロを示す線が円形断面の境界，すなわち $z=-d/2$ となる位置になればよいから，式 (6.3) で

$$\sigma=-\frac{P}{A}-\frac{Pe}{I_y}z=-\frac{4P}{\pi d^2}-\frac{Pe}{\pi d^4/64}\left(-\frac{d}{2}\right)=0$$
$$\therefore\ e=\frac{d}{8} \tag{6.4}$$

これより，図6.6(b) に示すような半径 $d/8$ の網掛けした円形領域内に偏心圧縮荷重を作用させれば，断面全体が圧縮領域となる．

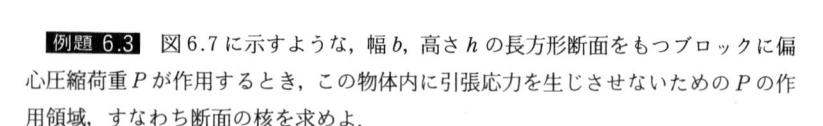

例題 6.3 図6.7に示すような，幅 b，高さ h の長方形断面をもつブロックに偏心圧縮荷重 P が作用するとき，この物体内に引張応力を生じさせないための P の作用領域，すなわち断面の核を求めよ．

（解）偏心圧縮荷重が y-z 平面の第1象限にあると仮定すれば，AA 線上で引張応力が最大となる．まず，曲げモーメント M_y，M_z を求めると

$$M_y=-Pz,\quad M_z=-Py$$

これらを，式 (6.2) に代入すると，σ_A は

$$\sigma_A=-\frac{P}{A}+\frac{M_y}{I_y}z_A+\frac{M_z}{I_z}y_A=-\frac{P}{A}-\frac{Pz\cdot z_A}{I_y}-\frac{Py\cdot y_A}{I_z}$$
$$=-\frac{P}{A}-\frac{12Pz\cdot z_A}{bh^3}-\frac{12Py\cdot y_A}{b^3h}$$

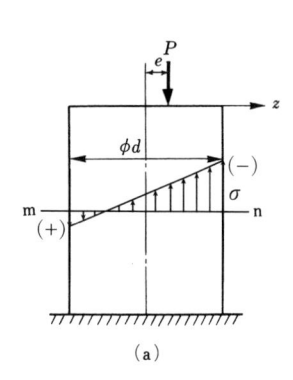

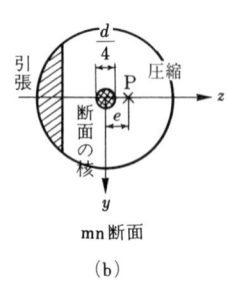

図 6.6 円形断面柱の断面の核

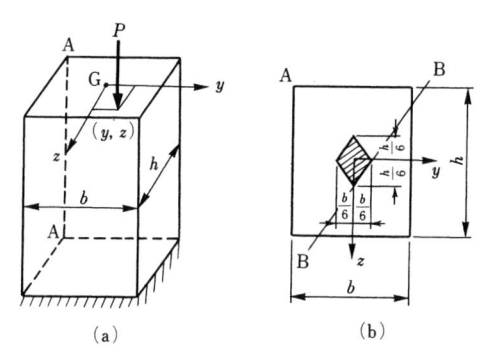

図 6.7 偏心圧縮荷重を受ける長方形断面ブロック

AA 線上は，$z_A=-h/2$, $y_A=-b/2$ だから

$$\sigma_A = -\frac{P}{bh} + \frac{6Pz}{bh^2} + \frac{6Py}{b^2h}$$

$\sigma_A=0$ とおくと

$$\frac{z}{h/6} + \frac{y}{b/6} = 1$$

これは，図 6.7 (b) の直線 BB の方程式である．したがって，偏心圧縮荷重が第 1 象限にある場合，$\sigma_A=0$ となるためには直線 BB を越えてはいけないことになる．同様にして，偏心圧縮荷重 P が第 2, 3, 4 象限にある場合も求めることができ，図 (b) の斜線部の領域として求められる．

6.2　長柱の座屈

　一般に柱がその断面の図心を通る軸線上に圧縮荷重を受ける場合には，横断面に一様な圧縮応力が生じ，柱は縮むことがあってもわん曲した変形をしないはずである．ところが実際問題では，柱の材質の不均一さ，軸圧縮荷重の不正確な負荷，柱の形状加工の不完全さなど種々の原因で横たわみを生じ，わん曲してしまう．特に，柱が細長くなるに従って，わん曲する傾向は強くなり，意図的でなくても結果的に偏心圧縮荷重が負荷されていることになる．その結果，柱は荷重が増大するにつれて，たわみが大きくなり，それに伴い曲げモーメントも大きくなる．そしてある荷重 P_{cr} に到達すると，柱の崩壊を招くことになる．このような現象を**座屈**（buckling）と呼び，このときの崩壊荷重 P_{cr} のことを**座屈荷重**（buckling load）という．この座屈荷重は材料固有の圧縮強さよりも小さいので，長柱の設計では十分な配慮が必要である．

6.2.1 一端固定他端自由の長柱

図 6.8 に示すように，下端が固定され上端が自由な柱を考える．その自由端が軸方向に荷重 P を受けて，軸垂直方向に w_0 だけたわんでいるとする．座標軸を図のようにとると，固定端から x の距離にある点は w だけたわんでおり

$$M = -P(w_0 - w), \quad N = -P$$

の曲げモーメント M と軸力 N を受けている．たわみは曲げモーメント M によって生じ，このたわみ曲線の微分方程式は

$$\frac{d^2 w}{dx^2} = -\frac{M}{EI} = \frac{P}{EI}(w_0 - w) \tag{6.5}$$

整理して

$$\alpha = \sqrt{\frac{P}{EI}} \tag{6.6}$$

とおくと

$$\frac{d^2 w}{dx^2} + \alpha^2 w = \alpha^2 w_0 \tag{6.7}$$

この微分方程式の一般解は

$$w = C_1 \sin \alpha x + C_2 \cos \alpha x + w_0 \tag{6.8}$$

積分定数 C_1, C_2 は柱の端末条件から定まる．柱の下端すなわち $x=0$ では，$w=0$, $w'=0$ である．$x=0$ で $w'=0$ の条件から，$C_1=0$．$C_1=0$ を式 (6.8) に代入し，$x=0$ で $w=0$ の条件から，$C_2=-w_0$．以上より

$$w = w_0(1 - \cos \alpha x) \tag{6.9}$$

のたわみ曲線が求まる．さらに，上端すなわち $x=l$ では $w=w_0$ であることから

$$\cos \alpha l = 0 \tag{6.10}$$

$$\therefore \quad \alpha l = (2n+1)\frac{\pi}{2} \quad (n=0, 1, 2, \cdots) \tag{6.11}$$

これを式 (6.6) に代入して荷重を求めると次式となる．

$$P = (2n+1)^2 \frac{\pi^2 EI}{4l^2} \quad (n=0, 1, 2, \cdots)$$

上式で，$n=0, 1, 2, \cdots$ とおくと

$$P_0 = \frac{\pi^2 EI}{4l^2}, \quad P_1 = \frac{9\pi^2 EI}{4l^2} = 9P_0, \quad P_2 = \frac{25\pi^2 EI}{4l^2} = 25P_0, \cdots$$

実際に座屈が生じるのは，このような荷重のうち最小のものである．ゆえに，座屈荷重 P_{cr} は，次式となる．

$$P_{cr} = P_0 = \frac{\pi^2 EI}{4l^2} \tag{6.12}$$

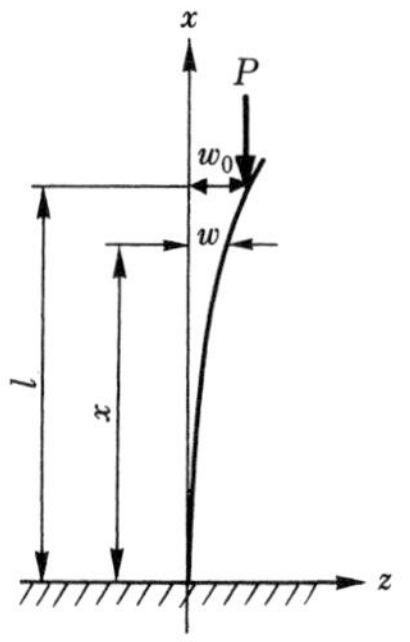

図 6.8 一端固定，他端自由の長柱

もしも P_{cr} の座屈荷重を超過するまで，何らかの手段により柱をたわまないように拘束しておき，その後拘束を取り除いて負荷を続ければ，次の $P_1 = 9\pi^2 EI/4l^2 = 9P_0$ の荷重で柱は座屈する．その座屈モード（座屈形）の代表例を図 6.9 に示す．

式（6.12）からわかるように座屈荷重は材料自身の強さには無関係で，柱の寸法および材料のヤング率だけに依存する．また，柱の断面二次モーメント I が増せば，座屈荷重も大きくなり柱は座屈に対して強くなる．さらに，断面二次モーメント I が主軸の y 軸と z 軸で異なるときは，当然のことながら小さい方の値が用いられなければならない．

例題 6.4 図 6.8 に示すような，長さ $l=2\,\text{m}$ の軟鋼製の柱がある．断面は幅 3 cm × 高さ 4 cm の長方形であるとして，座屈荷重を求めよ．ただし，ヤング率 E を $E=200\,\text{GPa}$ とする．

（解） 断面の幅方向を y 軸，高さ方向を z 軸とすると，断面二次モーメント I_y, I_z は

$$I_y = \frac{bh^3}{12} = \frac{(3\times 10^{-2})\times(4\times 10^{-2})^3}{12} = 16\times 10^{-8}\,\text{m}^4$$

$$I_z = \frac{b^3 h}{12} = \frac{(3\times 10^{-2})^3\times(4\times 10^{-2})}{12} = 9\times 10^{-8}\,\text{m}^4$$

上述したように，小さい値の方の断面二次モーメント I_z を用いなければいけない．座屈荷重 P_{cr} は式（6.12）より

$$P_{cr} = \frac{\pi^2 EI_z}{4l^2} = \frac{3.14^2\times 200\times 10^9 \times 9\times 10^{-8}}{4\times 2^2} = 11.1\times 10^3\,\text{N} = 11.1\,\text{kN}$$

6.2.2 両端回転自由（ピン支持）の長柱

図 6.10 に示す長さ l の両端回転自由（ピン支持）の柱の座屈荷重を求める．C 点での曲げモーメント M は $M=Pw$ である．これをたわみ曲線の微分方程式に代入すると

$$\frac{d^2 w}{dx^2} = -\frac{M}{EI} = -\frac{P}{EI}w$$

$\alpha = \sqrt{\dfrac{P}{EI}}$ とおいて整理すると

$$\frac{d^2 w}{dx^2} + \alpha^2 w = 0$$

この微分方程式の一般解は

$$w = C_1 \sin \alpha x + C_2 \cos \alpha x$$

積分定数 C_1, C_2 は，柱の端末条件から定まる．すなわち

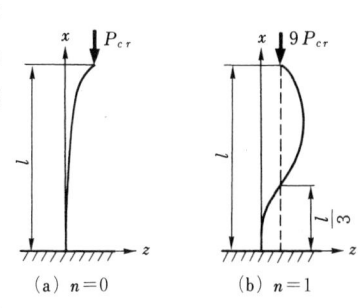

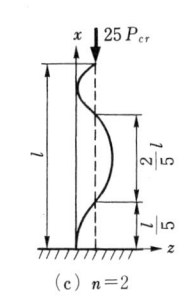

$$\left.\begin{array}{l} x=0 \\ x=l \end{array}\right\} \text{で，} \quad w=0$$

図 6.9 座屈モード
(a) $n=0$
(b) $n=1$
(c) $n=2$

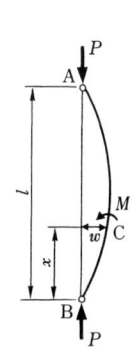

図 6.10 両端回転自由の長柱

これより，$C_2=0$，$C_1 \sin \alpha l=0$ が得られる．
したがって，柱が座屈するためには $\sin \alpha l=0$ でなければならない．
ゆえに，$\alpha l=n\pi$ $(n=0, 1, 2, \cdots)$．すなわち

$$P=n^2 \frac{\pi^2 EI}{l^2} \quad (n=0, 1, 2, \cdots)$$

となり，座屈荷重 P_{cr} は最小の荷重であるから

$$P_{cr}=\frac{\pi^2 EI}{l^2} \tag{6.13}$$

また，柱の座屈形は

$$w=C_1 \sin \frac{n\pi x}{l}$$

と表され，n はどのような整数値をとることも可能であるため，座屈モードは無数に考えられる．なお，座屈形の振幅 C_1 は未定であるが，座屈モードは n により決定される．図 6.11 に $n=1, 2, 3$ に相当する座屈モードを示す．

ところで，図 6.12 に示す両端回転自由な柱では，柱の中央で切断すると柱の中央でたわみ角はゼロなので，中央で固定され，他端自由な 2 本の柱の場合と同じになる．そこで，式 (6.12) の l を $l/2$ とおけば

$$P_{cr}=\frac{\pi^2 EI}{4(l/2)^2}=\frac{\pi^2 EI}{l^2} \tag{6.13}$$

となり，両端回転自由の柱の式と同じとなる．

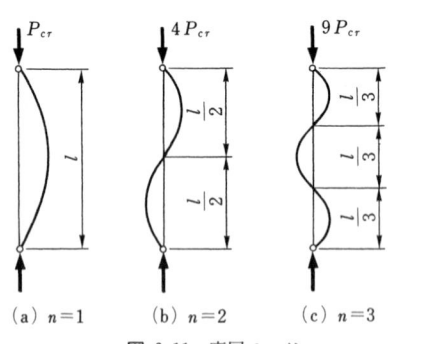

(a) $n=1$　(b) $n=2$　(c) $n=3$

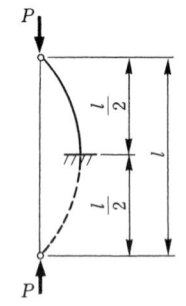

図 6.11 座屈モード　　図 6.12 両端回転自由の長柱

6.2.3 両端固定の長柱

図 6.13 に示すように両端固定の長柱の場合では，全長を 4 等分する．柱の中央でたわみ角はゼロで，C, D 点は変曲点になり，そこにおいては曲げモーメントはゼロであるから，4 本の一端固定，他端自由な柱と同じと考えることができる．したがって，式 (6.12) の l を $l/4$ とおいて，次式を得る．

$$P_{cr} = \frac{\pi^2 EI}{4(l/4)^2} = \frac{4\pi^2 EI}{l^2} \tag{6.14}$$

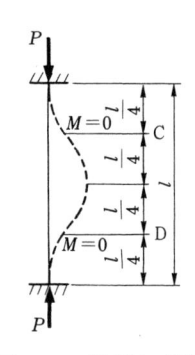

図 6.13 両端固定の長柱

6.2.4 一端固定，他端回転自由の長柱

図 6.14 に示すように，一端固定，他端回転自由な柱の場合には，回転端の傾きは自由であるが移動できないので，一端固定，他端自由の場合に，さらに柱に直角な方向から外力 Q が働く場合と同じとなる．したがって，固定端から x の距離にある点の曲げモーメント M は，$M = Pw - Q(l-x)$ だから，たわみ曲線の微分方程式は

$$EI\frac{d^2 w}{dx^2} = -Pw + Q(l-x)$$

ここで，$P/EI = \alpha^2$，$Q/EI = \beta^2$ とおくと，上式は次式となる．

$$\frac{d^2 w}{dx^2} + \alpha^2 w = \beta^2(l-x)$$

この微分方程式の一般解は

$$w = C_1 \sin \alpha x + C_2 \cos \alpha x + \frac{\beta^2}{\alpha^2}(l-x)$$

下端 $x=0$ で $w=0$，$dw/dx=0$ の条件より

$$C_1 = \frac{\beta^2}{\alpha^3}, \quad C_2 = -\frac{\beta^2 l}{\alpha^2}$$

また，上端 $x=l$ で $w=0$ であるから

$$C_1 \sin \alpha l + C_2 \cos \alpha l = 0$$

ゆえに

$$\tan \alpha l = \alpha l$$

上式を満足する αl の正の最小値は $\alpha l = 4.4934 = 1.430\pi$ である．
したがって，座屈荷重 P_{cr} は

$$P_{cr} = (4.4934)^2 \frac{EI}{l^2} = 2.046\frac{\pi^2 EI}{l^2} \tag{6.15}$$

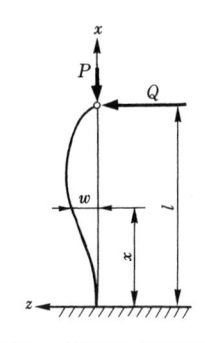

図 6.14 一端固定，他端回転自由の長柱

6.2.5　許容座屈荷重

以上，種々の端末条件の座屈荷重を求めたが，これらを**オイラーの式**（Euler's formula）といい，どの場合も

$$P_{cr} = i\frac{\pi^2 EI}{l^2} \tag{6.16}$$

の形で表すことができる．この係数 i を**固定係数**（fixity coefficient）といい，柱の両端の端末条件で決まる値である．すなわち

$i = 1/4$　一端固定，他端自由
$i = 1$　両端回転
$i = 4$　両端固定
$i = 2.046$　一端固定，他端回転

式（6.16）を書きかえると

$$P_{cr} = i\frac{\pi^2 EI}{l^2} = i\frac{\pi^2 EIA}{l^2 A} = i\frac{\pi^2 EA}{\dfrac{l^2 A}{I}} = i\frac{\pi^2 EA}{\lambda^2} \tag{6.17}$$

ここで

$$\lambda = \sqrt{\frac{l^2 A}{I}} = l\sqrt{\frac{A}{I}} = \frac{l}{k} \tag{6.18}$$

ただし

$$k = \sqrt{\frac{I}{A}} \quad \text{（断面2次半径）}$$

この λ を**細長比**（selenderness ratio）という．

実際の設計では，P_{cr} を安全率 S で割った値を許容座屈荷重 P_S として用いる．すなわち

$$P_S = \frac{i}{S}\frac{\pi^2 EI}{l^2} \tag{6.19}$$

例題 6.5　次の各種断面形状の両端回転自由な長柱について長さが l の場合の細長比 λ を求めよ．

（1）　正方形断面　$a \times a$　（2）　長方形断面　$b \times h$　$(b < h)$
（3）　中実丸棒：直径 d　（4）　中空丸棒：外径 d，内外径比 n

（解）　両端回転自由な長柱であるから，$i = 1$ である．
（1）　面積および断面二次モーメントは

$$A = a^2, \quad I = \frac{a^4}{12} \quad \therefore \lambda = l\sqrt{\frac{A}{I}} = l\sqrt{\frac{a^2}{a^4/12}} = \frac{2\sqrt{3}\,l}{a}$$

（2）　$A = bh, \quad I = \dfrac{b^3 h}{12} \quad \therefore \lambda = l\sqrt{\dfrac{A}{I}} = l\sqrt{\dfrac{bh}{b^3 h/12}} = 2\sqrt{3}\,\dfrac{l}{b}$

(3) $A = \dfrac{\pi}{4}d^2$, $I = \dfrac{\pi d^4}{64}$ $\therefore$ $\lambda = l\sqrt{\dfrac{A}{I}} = l\sqrt{\dfrac{\pi d^2/4}{\pi d^4/64}} = 4\dfrac{l}{d}$

(4) $A = \dfrac{\pi}{4}d^2(1-n^2)$, $I = \dfrac{\pi d^4}{64}(1-n^4)$

$$\therefore \lambda = l\sqrt{\dfrac{A}{I}} = l\sqrt{\dfrac{\dfrac{\pi d^2(1-n^2)}{4}}{\dfrac{\pi d^4(1-n^4)}{64}}} = \dfrac{4}{\sqrt{1+n^2}} \times \dfrac{l}{d}$$

例題 6.6 両端回転自由の木材の柱がある．長さ $l=3$ m で断面は $16\,\text{cm} \times 12\,\text{cm}$ の長方形であるとする．この柱に作用し得る安全軸圧縮荷重 P_S を求めよ．ただし，木材のヤング率 E を $E=10$ GPa とし，また安全率 S を 6 とする．

(解) 小さい方の断面二次モーメント I は

$$I = \dfrac{bh^3}{12} = \dfrac{(16 \times 10^{-2}) \times (12 \times 10^{-2})^3}{12} = 2.3 \times 10^{-5}\,\text{m}^4$$

安全率 S が $S=6$ だから，安全軸圧縮荷重 P_S は式 (6.19) より

$$P_S = \dfrac{1}{S}\dfrac{\pi^2 EI}{l^2} = \dfrac{1}{6} \times \dfrac{3.14^2 \times 10 \times 10^9 \times 2.3 \times 10^{-5}}{3^2} = 4.20 \times 10^4\,\text{N} = 42.0\,\text{kN}$$

6.2.6 オイラーの式の適用限界

オイラーの式は座屈が始まるときまで，柱の応力は弾性限度内にあると考えて導かれたものである．しかし，短柱を考えると座屈を起こす前に，生ずる圧縮応力が弾性限度を超えるのでオイラーの式を適用できない．そこで，オイラーの座屈荷重または座屈応力が適用可能な柱の長さの範囲を決めることにする．

前項で座屈荷重は式 (6.17) で与えられることを示した．すなわち

$$P_{cr} = i\dfrac{\pi^2 EA}{\lambda^2}$$

上式から，座屈直前の圧縮応力を求めると次式となる．

$$\sigma_{cr} = \dfrac{P_{cr}}{A} = i\dfrac{\pi^2 E}{\lambda^2} \qquad (6.20)$$

この σ_{cr} を**座屈応力** (critical stress) という．この式から，$i=1$ とおいて，細長比 λ と座屈応力 σ_{cr} の関係を示すと図 6.15 のような双曲線となる．この図で，細長比 λ が小さくなると，すなわち柱が短くなると σ_{cr} は非常に大きくなり，材料の降伏応力 σ_Y を超えてしまうことになる．しかし，オイラーの式は座屈応力が弾性限度内にあるとして導かれたものであるから，生ずる応力 σ_{cr} は降伏応力 σ_Y 以下でなければならない．すなわち，細長比 λ は KE 部分の範囲でなければならない．それゆえ，オイラーの座屈応力の適用可能な細長比 λ は，$\sigma_{cr} = \sigma_Y$ とおくことにより次のように算出される．

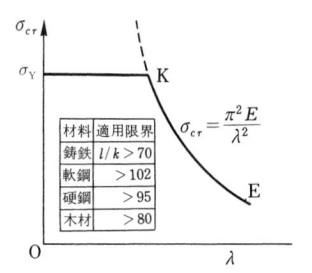

材料	適用限界
鋳鉄	$l/k > 70$
軟鋼	> 102
硬鋼	> 95
木材	> 80

図 6.15 細長比と座屈応力の関係

$$\sigma_Y \geq i\frac{\pi^2 E}{\lambda^2} \quad \text{ゆえに} \quad \lambda \geq \pi\sqrt{i\frac{E}{\sigma_Y}} \qquad (6.21)$$

たとえば，ヤング率 E および降伏応力 σ_Y が $E=206$ GPa, $\sigma_Y=196$ MPa の軟鋼材で両端回転自由な柱の場合では

$$\lambda \geq \pi\sqrt{\frac{206\times 10^9}{196\times 10^6}} = 102$$

となり，オイラーの式が適用できるには細長比 λ が 102 以上でなければならない．

なお，図 6.15 に各種材料についてオイラーの式が適用できる柱の細長比 λ の値を載せてある．

例題 6.7 地面に対して鉛直に固定した，長さ 3 m の鋼製の円柱がある．その上部に総質量 1000 kg の水槽が載っている．円柱の安全直径を求めよ．ただし，ヤング率を $E=200$ GPa, 降伏応力を $\sigma_Y=196$ MPa, 安全率 S を $S=3$ とする．

(解) 許容座屈荷重は，式 (6.19) より

$$P_S = \frac{i}{S}\frac{\pi^2 EI}{l^2} = \frac{i}{S}\frac{\pi^2 E}{l^2}\frac{\pi d^4}{64} = \frac{3.14^3 \times 200\times 10^9 d^4}{4\times 3 \times 3^2 \times 64} = 8.958\times 10^8 d^4$$

d について解くと

$$d = \sqrt[4]{\frac{9.8\times 1\times 10^3}{8.958\times 10^8}} = 5.75\times 10^{-2} \text{ m} = 57.5 \text{ mm}$$

この場合の柱の細長比は，式 (6.18) より

$$\lambda = l\sqrt{\frac{A}{I}} = 3\times \sqrt{\frac{\frac{\pi d^2}{4}}{\frac{\pi d^4}{64}}} = \frac{12}{d} = 209$$

となり，適用限界値 50.2 を超えているので，オイラーの式を適用できる．

演習問題

6.1 直径 10 cm の丸棒にその軸線より 15 cm 偏心して，1 kN の圧縮荷重が作用するとき，生ずる最大の応力を求めよ．

6.2 外径 10 cm, 内径 7 cm の中空丸棒に，その軸線より 15 cm 偏心して 1 kN の圧縮荷重を作用させれば生ずる最大応力はいくらになるか．

6.3 図 6.16 に示すような L 字形の柱の先端に，集中荷重 $P=20$ kN が作用するとき，生ずる最大の圧縮応力を求めよ．ただし，直径 $d=100$ mm, 腕の長さ $l=600$ mm とする．

図 6.16

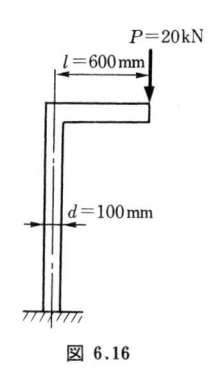

6.4 直径 $d=60$ mm, 長さ $l=500$ mm の円柱に, 図 6.17 に示すような圧縮荷重 $P_1=30$ kN と横荷重 $P_2=5$ kN が作用するとき, 生ずる最大の圧縮応力とその位置を求めよ.

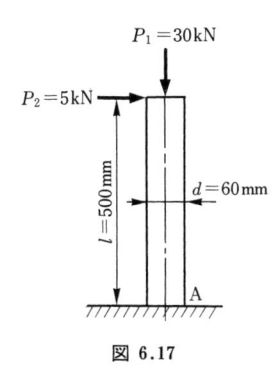

図 6.17

6.5 図 6.18 に示すような切り込みの付いた一辺 12 cm の正四角柱が 200 kN の引張荷重を受けるとき, 生ずる最大の引張応力を求めよ.

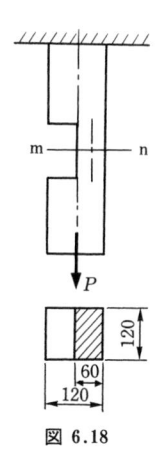

図 6.18

6章 座　屈

6.6 図6.19は荷物を吊り上げるためのフックである．20 kN の荷物を吊り上げるときの最大引張応力と最大圧縮応力を求めよ．ただし，断面の直径 $d=40$ mm，AB の間隔 $l=200$ mm とする．

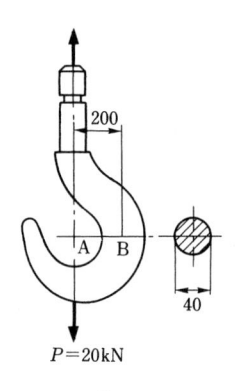

図 6.19

6.7 長さ，断面積および端末条件が等しい，正方形，中実円形および中空円形（内外径比 $n=1/2$）の柱において，座屈荷重の比を求めよ．

6.8 シリンダの最高総圧力 $P=100$ kN，長さ $l=2$ m の軟鋼製連結棒の直径 d を求めよ．ただし，安全率 $S=4$，ヤング率 $E=200$ GPa とし，両端は回転自由とする．

6.9 両端回転自由の長さ l の長柱がある．図 6.20 に示すように，この長柱の長さ方向の中心点を回転自由となるように支持した場合，座屈荷重は中心点を支持しない場合の何倍になるか．

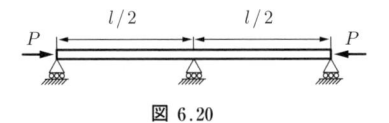

図 6.20

6.10 図6.21に示すような中実円形断面を有する5本の部材からなるトラス構造を考える．5本の部材はすべて長さ l，断面直径 d，ヤング率 E である．このトラス構造に図6.21に示すように荷重 P を作用させる場合を想定し，トラス構造を構成するいずれかの部材が座屈するときの荷重 P を求めなさい．なお5本の部材は引張りの部材力により破損することはないものとする．

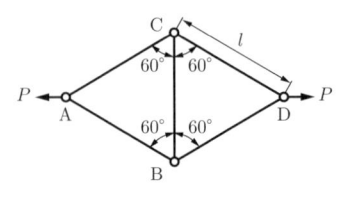

図 6.21

6.11 図 6.22 に示すように,直径 $d = 10$ mm,長さ $l = 50$ cm の鋼製丸棒の両端を回転自由の状態で壁に取り付けた.この状態から丸棒の温度を上昇させたところ丸棒が座屈した.このときの温度上昇はいくらか答えよ.なお,丸棒のヤング率 $E = 200$ GPa,線膨張係数 $\alpha = 11.2 \times 10^{-6}$/℃ とする.

図 6.22

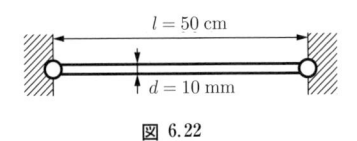

付表1　SI（国際単位系）の接頭語

倍数	接頭語の名称	接頭語の記号
10^{12}	テラ	T
10^{9}	ギガ	G
10^{6}	メガ	M
10^{3}	キロ	k
10^{2}	ヘクト	h
10	デカ	da
10^{-1}	デシ	d
10^{-2}	センチ	c
10^{-3}	ミリ	m
10^{-6}	マイクロ	μ
10^{-9}	ナノ	n
10^{-12}	ピコ	p

付表2　ギリシャ文字の呼称

文字		名称	
大文字	小文字		
A	α	alpha	アルファ
B	β	beta	ベータ
Γ	γ	gamma	ガンマ
Δ	δ	delta	デルタ
E	ε	epsilon	イプシロン
Z	ζ	zeta	ゼータ
H	η	eta	イータ
Θ	θ, ϑ	theta	シータ
I	ι	iota	イオタ
K	κ	kappa	カッパ
Λ	λ	lambda	ラムダ
M	μ	mu	ミュー
N	ν	nu	ニュー
Ξ	ξ	xi	クシー
O	o	omicron	オミクロン
Π	π, ϖ	pi	パイ
P	ρ	rho	ロー
Σ	σ, ς	sigma	シグマ
T	τ	tau	タウ
Υ	υ	upsilon	ウプシロン
Φ	φ, ϕ	phi	ファイ
X	χ	chi	カイ
Ψ	ψ	psi	プシー
Ω	ω	omega	オメガ

付表3 断面特性

断面の形	I_y	k^2	Z
長方形（$b \times h$）	$\dfrac{1}{12}bh^3$	$\dfrac{1}{12}h^2$ ($k=0.289h$)	$\dfrac{1}{6}bh^2$
三角形（底b, 高h）	$\dfrac{1}{36}bh^3$	$\dfrac{1}{18}h^2$ ($k=0.236h$)	$e_1=\dfrac{1}{3}h$ $e_2=\dfrac{2}{3}h$ $Z_1=\dfrac{1}{12}bh^2$ $Z_2=\dfrac{1}{24}bh^2$
円（直径d）	$\dfrac{\pi}{64}d^4$	$\dfrac{1}{16}d^2$	$\dfrac{\pi}{32}d^3$
中空円（外径d_2, 内径d_1）	$\dfrac{\pi}{64}(d_2^4-d_1^4)$	$\dfrac{1}{16}(d_2^2+d_1^2)$	$\dfrac{\pi}{32}\dfrac{d_2^4-d_1^4}{d_2}$
楕円（長軸$2a$, 短軸$2b$）	$\dfrac{\pi}{4}a^3b$	$\dfrac{1}{4}a^2$	$\dfrac{\pi}{4}a^2b$
I形断面	$\dfrac{ad^3-h^3(a-t)}{12}$	$\dfrac{ad^3-h^3(a-t)}{12\{ad-h(a-t)\}}$	$\dfrac{ad^3-h^3(a-t)}{6d}$

演習問題解答

1 章

1.1 $\sigma = 125$ MPa

1.2 $\sigma = 12.7$ MPa の引張応力

1.3 $P = 6$ kN

1.4 $Q = 1$ kN, $d = 8.7$ mm

1.5 $\gamma = 4.36 \times 10^{-3}$, $\tau = 335$ MPa

1.6 $\sigma = -42$ MPa, $\varepsilon = -0.6 \times 10^{-3}$, $P = 290$ kN

1.7 $E = 217$ GPa, $\sigma_Y = 455$ MPa, $\sigma_B = 682$ MPa, $\phi = 28\%$, $\phi = 33.7\%$

1.8 $P = 654$ kN

1.9 9.25×10^{-3} mm

1.10 $d = 2.74$ mm 以上

1.11 $A = 3.1$ cm^2

2 章

2.1 $\delta = 2.7$ mm

2.2 $\sigma_S = 136$ MPa, $\sigma_C = 81$ MPa

2.3 1.15 mm 縮む

2.4 $x = L/4$

2.5 $l = 34.4$ m, $\delta = 0.43$ mm

2.6 $\delta_C = 3.6$ mm, $P = 64$ kN

2.8 $l_1 = l_2$

2.9 $P = -271$ kN

2.10 2.6 mm, $\sigma = -48$ MPa

2.11 銅の方向に 1.6×10^{-2} mm, $\sigma = 124$ MPa

2.12 $\sigma_{max} = 120$ MPa, $\alpha = 2.4$

2.13 高さ 10 m まで水を満たした状態で，水面から深さ x の位置の水圧は

$$p = \rho g x$$

であるから，壁厚を t として円周応力は

$$\sigma_\theta = \rho g x \frac{r}{t}$$

となり，これが許容引張応力を越えない条件 $\sigma_\theta \leq \sigma_{\theta a}$ より

$$t \geq \rho g x \frac{r}{\sigma_{\theta a}}$$

を得る．（x に比例して板厚を増す）

タンク底面（$x = 10$ m）での壁厚は 14 mm 以上

底面から高さ 6 m の位置（$x = 4$ m）での壁厚は 5.6 mm 以上

2.14 胴体外板には客室内外の差圧

$$\Delta p = 0.82 - 0.19 = 0.63 \text{ 気圧}$$
$$= 0.63 \times 1.013 \times 10^5 = 63.8 \times 10^3 \text{ Pa}$$

が与圧荷重（内圧荷重）として作用する．

$$(\sigma_\theta =) \Delta p \frac{r}{t} \leq \sigma_{\theta a}$$

より

$$t \geq \frac{\Delta p}{\sigma_{\theta a}} r = \frac{63.8 \times 10^3}{110 \times 10^6} \times 3.25 = 1.88 \times 10^{-3} \text{ m} = 1.88 \text{ mm}$$

胴体外板の板厚は 1.9 mm 以上にすべき．

3 章

3.1 $R_x = 5$ kN, $R_y = 8.66$ kN, $M = 33.3$ kNm

3.2 $R_x = 1$ kN, $R_{1y} = 5.2$ kN, $R_{2y} = 6.9$ kN

3.3 $V = -7$ kN, $M = -9.5$ kNm

3.4 $V = 1$ kN, $M = 9$ kNm

3.5 $V = -1$ kN, $M = -7$ kNm

3.6 $M_{\max} = 7$ kNm, $V_{\max} = 3$ kN

3.7 省略

3.8 $R_A = \frac{P}{l}\sqrt{l^2 + c^2}$, $R_B = -\frac{Pc}{l}$

3.9 $M = 5.4$ kNm

3.10 $\sigma_{\max} = 240$ MPa, $R = 2.5$ m

3.11 $M = 4.8$ kNm

3.12 $\sigma_{\max} = 125$ MPa

3.13 $l = 23.8$ m

3.14 $d_1 = 1.66$ m

3.15 $d = 33.8$ cm

3.16 $\sigma = 300$ MPa, $M = 6.36$ Nm

3.17 $0 \leq x \leq \frac{l}{2}$ で $w = \frac{q}{384 EI_y}(16x^4 - 56l^3 x + 41 l^4)$

$\frac{l}{2} \leq x \leq l$ で $w = \frac{ql}{48 EI_y}(4x + 5l)(x - l)^2$

$w_{\max} = \frac{41 q l^4}{384 EI_y}$ （$x = 0$ で）

3.18 16.2 mm まで

3.19 $x = \dfrac{2al}{3a+b}$, $w_{\max} = \dfrac{P}{3EI_y} \cdot \dfrac{2a^3 b^2}{(l+2a)^2}$

3.20 はりの断面二次モーメントを $I_y (= bh^3/12)$ ばねの復元力を F とおくと，はりの先端のたわみ量は
$$w = \frac{(P-F)l^3}{3EI_y}$$
と表せる．このとき，ばねの変位も w に等しいから
$$F = kw$$
よって
$$w = \frac{(P-kw)l^3}{3EI_y}$$
これを解くと
$$w = \frac{Pl^3}{3EI_y + kl^3}$$
問題文の数値を単位に注意して代入すると，$w = 0.11$ mm．

3.21 はりの断面二次モーメントを $I_y (= bh^3/12)$ とし，左の片持はりに作用する集中荷重を P_1，右の片持はりに作用する集中荷重を P_2 とする．このとき
$$P = P_1 + P_2$$
また，左右の片持はりの先端のたわみ量 w_1 および w_2 は
$$w_1 = \frac{P_1 l_1^3}{3EI_y}, \quad w_2 = \frac{P_2 l_2^3}{3EI_y}$$
左右の片持はりの先端のたわみ量は一致しなければならないので
$$w_1 = w_2$$
これらを整理して解くと
$$P_1 = \frac{l_2^3}{l_1^3 + l_2^3}P, \quad P_2 = \frac{l_1^3}{l_1^3 + l_2^3}P$$
よって，$w_1 = w_2 = 0.016$ m．

4 章

4.1 $I_P = 9.81 \times 10^{-6}$ m^4, $Z_P = 1.96 \times 10^{-4}$ m^3, $I_P' = 5.79 \times 10^{-6}$ m^4, $Z_P' = 1.16 \times 10^{-4}$ m^3

4.2 $\omega = 314$ rad/s, $T = 95.5$ Nm

4.3 $\tau_{\max} = 49.3$ MPa, $T = 9675$ Nm

4.4 $d = 10.3$ cm

4.5 $\tau_{\max} = 74.6$ MPa

4.6 $\phi = 1.9°$

4.7 細 $\tau_1 = 679.4$ MPa, 太 $\tau_2 = 79.9$ MPa, $\phi = 5.45°$

4.8 $\tau_{\max} = 106$ MPa, $\phi = 5.5°$

4.9 ねじりモーメント T とねじり率 θ の関係は次のようになる．

$$T = G_2 \frac{\pi}{2}\left(\frac{d_2}{2}\right)^4 \left[\frac{G_1}{G_2}\left(\frac{d_1}{d_2}\right)^4 + \left\{1-\left(\frac{d_1}{d_2}\right)^4\right\}\right]\theta$$

$G_2 > G_1$ であるから,最大せん断応力は外周 ($r=d_2/2$) で生じ次式となる.

$$\tau_{\max} = \frac{T}{\frac{\pi}{2}\left(\frac{d_2}{2}\right)^3 \left[\frac{G_1}{G_2}\left(\frac{d_1}{d_2}\right)^4 + \left\{1-\left(\frac{d_1}{d_2}\right)^4\right\}\right]}$$

4.10 CB 間の丸軸に生ずる最大ねじり応力は

$$\tau_{\max(CB)} = G\frac{d}{2}\frac{\phi}{l_{CB}}$$

であり,これが許容せん断応力を越えない条件 ($\tau_{\max(CB)} \leq \tau_a$) より

$$\phi \leq 2\frac{\tau_a}{G}\frac{l_{CB}}{d} = 2 \times \frac{30 \times 10^6}{80 \times 10^9} \times \frac{300}{10} = 0.0225 \text{ rad} = 1.29 \text{ deg}$$

4.11 固定端 A,B に生ずるねじりモーメント T_A, T_B は

$$T_A = \frac{l-a}{l}T, \quad T_B = \frac{a}{l}T$$

ねじれ角 ϕ は

$$\phi = \frac{32a(l-a)}{G\pi d^4 l}T$$

5 章

5.1 $P=21.4$ kN

5.2 $\sigma_{30°}=-94$ MPa, $\tau_{30°}=-54$ MPa, $\sigma_{120°}=-31$ MPa, $\tau_{120°}=54$ MPa

5.3 ① $\delta_y=-18\,\mu$m, $\delta_z=-24\,\mu$m ② $q=150$ MPa

5.4 $\sigma_1=37$ MPa, $\sigma_2=11$ MPa, $\tau_1=13$ MPa, $\tau_2=-13$ MPa

5.6 ① $\delta=-0.455$ mm ② $\varepsilon'=11.4\times10^{-5}$ ③ $\Delta d_2=0.0171$ mm, $\Delta d_1=0.0125$ mm
④ 0.00228 mm ⑤ $\Delta V=-1488$ mm³

5.7 $\delta=0.22$ mm

5.8 $H=147$ kW

5.9 $d=59$ mm

6 章

6.1 $\sigma=-1.66$ MPa

6.2 $\sigma=-2.26$ MPa

6.3 $\sigma=-125$ MPa

6.4 $\sigma=-129$ MPa, 固定端で横荷重の反対側

6.5 $\sigma=111$ MPa

6.6 最大引張応力 653 MPa, 最大圧縮応力 -621 MPa

6.7 正方形:中実円形:中空円形$=1:0.955:1.592$

6.8 $d = 63.9\,\mathrm{mm}$

6.9 4 倍（$n=1$ の座屈モードが抑制され，$n=2$ の座屈モードで座屈する）

6.10 BC 間の部材に圧縮の部材力 $P/\sqrt{3}$ が生ずる．
$$P = \frac{\sqrt{3}\pi^2 EI}{l^2} = \frac{\sqrt{3}\pi^3 Ed^4}{64 l^2}$$

6.11 圧縮熱応力
$$\sigma_{th} = E\alpha \Delta T$$

丸棒の座屈応力
$$\sigma_{cr} = \frac{\pi^2 E}{\lambda^2} = \frac{\pi^2 E d^2}{16 l^2}$$

$\sigma_{th} = \sigma_{cr}$ より
$$\Delta T = \frac{1}{\alpha}\frac{\pi^2}{16}\frac{d^2}{l^2} = \frac{1}{11.2\times 10^{-6}} \times \frac{\pi^2}{16} \times \frac{10^2}{500^2} \approx 22\,\mathrm{℃}$$

参 考 文 献

1) 尾田十八, 鶴崎明, 木田外明：材料力学〈基礎編〉, 森北出版（1988）
2) 材料力学教育研究会編：材料力学の学び方・解き方, 共立出版（1994）
3) 三好俊郎, 白鳥正樹, 尾田十八：大学基礎材料力学, 実教出版（1975）
4) 菊池正紀, 澤芳昭, 町田賢司：材料力学, 裳華房（1988）
5) 高橋幸伯, 町田進：基礎材料力学, 培風館（1988）
6) 船見国男, 江藤元大, 市川昌弘, 本間恭二：材料力学, 技報堂（1994）
7) 新沢順悦, 佐藤良一, 西村哲, 吉澤愛彦：例題演習材料力学, 産業図書（1985）
8) 西村尚：例題で学ぶ材料力学, 丸善（1987）
9) 川田雄一, 町田輝史：材料強さ学の学び方, オーム社（1981）
10) 渥美光, 伊藤勝悦：やさしく学べる材料力学, 森北出版（1987）
11) 深澤泰晴, 水口義久, 黒崎茂, 他5名：材料力学入門, パワー社（1989）
12) 渥美光, 鈴木幸三, 三ケ田賢次：材料力学Ⅰ, 森北出版（1976）
13) 小林繁雄：航空機構造力学, 丸善（1992）
14) Sun, C. T.：Mechanics of Aircraft Structures 2nd ed., John Wiley & Sons（2006）
15) 冨田佳宏, 仲町英治, 中井善一, 上田整：材料の力学, 朝倉書店（2001）

索　引

〈ア　行〉

圧　縮 …………………………………… 19
圧縮応力 ………………………………… 5
圧縮ひずみ ……………………………… 7
圧縮不静定問題 ………………………… 31
安全率 …………………………………… 14

異方性 …………………………………… 2

上降伏点 ………………………………… 12
薄肉円筒 ………………………………… 37

SI 単位 …………………………………… 3
円形断面軸 ……………………………… 81
円周応力 ………………………………… 38
遠心力 …………………………………… 25

オイラーの式 …………………………… 124
応　力 …………………………………… 4
応力集中 ………………………………… 36
応力集中係数 …………………………… 36
応力-ひずみ関係 ……………………… 103
応力-ひずみ線図 ……………………… 12

〈カ　行〉

下降伏点 ………………………………… 12
荷重-伸び線図 ………………………… 11
片持はり ………………………… 45, 49, 67

共役せん断応力 ……………………… 5, 82
境界条件 ………………………………… 2
極限強さ ………………………………… 13
極断面係数 ……………………………… 84
許容応力 ………………………………… 14
許容座屈荷重 ………………………… 124
均質性 …………………………………… 1

偶　力 …………………………………… 115
組合せ応力 ……………………………… 97

形状係数 ………………………………… 36
工学単位 ………………………………… 3
公称応力 ………………………………… 11
公称ひずみ ……………………………… 11
降伏応力 ………………………………… 12
降伏点 …………………………………… 12
固定係数 ………………………………… 124

〈サ　行〉

材料力学 ………………………………… 1
座　屈 ……………………………… 115, 119
座屈応力 ……………………………… 125
座屈荷重 ……………………………… 119
3 軸応力 ……………………………… 105

軸 ………………………………………… 81
軸応力 …………………………………… 38
軸力 ……………………………………… 28
自由体図 ………………………………… 2
主応力 ………………………………… 100
主応力面 ……………………………… 100
主　軸 ………………………………… 100
主せん断応力 ………………………… 100
主せん断応力面 ……………………… 100
純せん断 ……………………………… 109
初期応力 ………………………………… 32
初期応力問題 …………………………… 32
真応力 …………………………………… 12
真ひずみ ………………………………… 12

垂直応力 ……………………………… 5, 99
垂直ひずみ ……………………………… 7

静定はり ……………………………… 46, 73
静定問題 ………………………………… 26
繊維強化プラスチック材 ……………… 1
せん断応力 ………………………… 5, 48, 99
せん断弾性係数 ………………………… 10
せん断力図 ……………………………… 49
線膨張係数 ……………………………… 33

相当ねじりモーメント……………………111
相当曲げモーメント………………………111
塑　性………………………………………9

〈タ 行〉

体積弾性率…………………………………10
体積ひずみ…………………………………8
楕円形断面軸………………………………91
縦弾性係数…………………………………9
縦ひずみ……………………………………7
たわみ………………………………………65
　　──の基礎式…………………………65
たわみ角……………………………………65
たわみ曲線…………………………………65
単位系………………………………………3
単軸引張……………………………………97
単純支持はり……………………45, 53, 72
弾　性………………………………………9
弾性係数……………………………………107
弾性限度……………………………………9
短　柱………………………………………115
断面の核……………………………………118
断面係数……………………………………60
断面二次モーメント………………………59

中空丸軸……………………………………87
中実丸軸……………………………………81
中立軸………………………………………59
中立面………………………………………59
長　柱…………………………………115, 119
長方形断面軸………………………………91

伝動軸………………………………………89

等方性………………………………………1
トラス………………………………………20
トルク………………………………………81

〈ナ 行〉

内　圧………………………………………37
内　力………………………………………2

ねじり………………………………………81
ねじり応力…………………………………81
ねじり剛性…………………………………84
ねじりモーメント…………………………81
ねじれ角……………………………………82

熱応力………………………………………33
伸び率………………………………………13

〈ハ 行〉

柱……………………………………………115
破断点………………………………………13
は　り………………………………………45
　　──の応力……………………………58
　　──の支持条件………………………45
　　──のせん断力………………………48
　　──のたわみ…………………………65
　　──の曲げモーメント………………100
半径方向の応力……………………………38

ひずみ……………………………………4, 7
ひずみ硬化…………………………………13
引　張………………………………………19
引張応力……………………………………5
引張強さ……………………………………13
引張ひずみ…………………………………7
比ねじれ角…………………………………82
比例限度……………………………………9

不静定はり……………………………46, 73
不静定骨組構造……………………………26
不静定問題…………………………………26
フックの法則………………………………9
物体力………………………………………21
フープ応力…………………………………38

平均応力……………………………………36
平面応力……………………………………106
平面ひずみ…………………………………106
変位量………………………………………7
偏心圧縮荷重………………………………115

ポアソン比…………………………………7
棒……………………………………………19
　　──の応力とひずみ…………………19
細長比………………………………………124
骨組構造……………………………………20

〈マ 行〉

曲げ応力……………………………………58
曲げ剛さ……………………………………60

曲げ剛性……………………………………60	横ひずみ ……………………………………7
曲げモーメント……………………………48	
曲げモーメント図…………………………49	
	〈ラ 行〉
モールの応力円……………………………101	
	ラーメン……………………………………20
〈ヤ 行〉	
ヤング率 ……………………………………9	リューダース帯……………………………12
	両端固定棒…………………………………28
横荷重………………………………………45	
横弾性係数…………………………………10	連続性 ………………………………………1

〈著者紹介〉

中田　政之（なかだ　まさゆき）
1991 年　金沢工業大学大学院工学研究科博士後期課程修了
専門分野　複合材料，機械材料，材料力学
現　　在　金沢工業大学工学部機械工学科教授・工学博士

田中　基嗣（たなか　もとつぐ）
2001 年　京都大学大学院工学研究科博士後期課程修了
専門分野　材料力学，複合材料，バイオマテリアル
現　　在　金沢工業大学工学部機械工学科教授・博士（工学）

吉田　啓史郎（よしだ　けいしろう）
1997 年　東京大学大学院工学系研究科修士課程修了
専門分野　材料力学，航空機構造力学
現　　在　金沢工業大学工学部航空システム工学科教授・博士（工学）

木田　外明（きだ　そとあき）
1984 年　金沢大学大学院工学研究科修士課程修了
専門分野　工業数学，材料力学
現　　在　金沢工業大学名誉教授・工学博士

わかりやすい
材料力学の基礎〔第 2 版〕

2003 年 8 月 10 日　初版 1 刷発行
2013 年 2 月 25 日　初版10刷発行
2013 年11月25日　第 2 版 1 刷発行
2023 年 2 月 10 日　第 2 版 6 刷発行

検印廃止

著　者　中田　政之　Ⓒ 2013
　　　　田中　基嗣
　　　　吉田啓史郎
　　　　木田　外明

発行者　南條　光章

発行所　共立出版株式会社
　　　　〒112-0006　東京都文京区小日向 4 丁目 6 番19号
　　　　電話　03-3947-2511
　　　　振替　00110-2-57035
　　　　URL　www.kyoritsu-pub.co.jp

一般社団法人
自然科学書協会
会　員

印刷・製本：藤原印刷
NDC 501.32／Printed in Japan

ISBN 978-4-320-08193-2

JCOPY ＜出版者著作権管理機構委託出版物＞
本書の無断複製は著作権法上での例外を除き禁じられています．複製される場合は，そのつど事前に，出版者著作権管理機構（ＴＥＬ：03-5244-5088，ＦＡＸ：03-5244-5089，e-mail：info@jcopy.or.jp）の許諾を得てください．

■機械工学関連書

www.kyoritsu-pub.co.jp　共立出版

生産技術と知能化(S知能機械工学1)……山本秀彦著	図解 よくわかる機械計測……武藤一夫著
現代制御(S知能機械工学3)……山田宏尚他著	基礎 制御工学 増補版(情報・電子入門S2)……小林伸明他著
持続可能システムデザイン学……小林英樹著	詳解 制御工学演習……明石 一他共著
入門編 生産システム工学 総合生産学への途 第6版 人見勝人著	工科系のためのシステム工学 力学・制御工学……山本郁夫他著
衝撃工学の基礎と応用……横山 隆編著	基礎から実践まで理解できるロボット・メカトロニクス 山本郁夫他著
機能性材料科学入門……石井知彦他編	Raspberry Piでロボットをつくろう！ 動いて，感じて，考えるロボットの製作とPythonプログラミング 齊藤哲哉訳
Mathematicaによるテンソル解析……野村靖一著	ロボティクス モデリングと制御(S知能機械工学4)……川﨑晴久著
工業力学……上月陽一監修	熱エネルギーシステム 第2版(機械システム入門S10) 加藤征三編著
機械系の基礎力学……山川 宏他著	工業熱力学の基礎と要点……中山 顕著
機械系の材料力学……山川 宏他著	熱流体力学 基礎から数値シミュレーションまで……中山 顕他著
わかりやすい材料力学の基礎 第2版……中田政之他著	伝熱学 基礎と要点……菊地義弘他著
工学基礎 材料力学 新訂版……清家政一郎著	流体工学の基礎……大坂英雄著
詳解 材料力学演習 上・下……斉藤 渥他共著	データ同化流体科学 流動現象のデジタルツイン(クロスセクショナルS10) 大林 茂他著
固体力学の基礎(機械工学テキスト選書1)……田中英一著	流体の力学……太田 有他著
工学基礎 固体力学……園田佳巨著	流体力学の基礎と流体機械……福島千晴著
破壊事故 失敗知識の活用……小林英男編著	空力音響学 渦音の理論……淺井雅人他訳
超音波工学……荻 博次著	例題でわかる基礎・演習流体力学……前川 博他著
超音波による欠陥寸法測定……小林英男他編集委員会代表	対話とシミュレーションムービーでまなぶ流体力学 前川 博著
構造振動学……千葉正克著	流体機械 基礎理論から応用まで……山本 誠他著
基礎 振動工学 第2版……横山 隆他著	流体システム工学(機械システム入門S12)……菊山功嗣他著
機械系の振動学……山川 宏著	わかりやすい機構学……伊藤智博他著
わかりやすい振動工学……砂子田勝昭他著	気体軸受技術 設計・製作と運転のテクニック……十合晋一著
弾性力学……荻 博次著	アイデア・ドローイング コミュニケーションツールとして 第2版……中村純生著
繊維強化プラスチックの耐久性……宮野 靖他著	JIS機械製図の基礎と演習 第5版……武田信之改訂
複合材料の力学……岡部朋永他訳	JIS対応 機械設計ハンドブック……武田信之著
工学系のための最適設計法 機械学習を活用した理論と実践……北山哲士著	技術者必携 機械設計便覧 改訂版……狩野三郎著
図解 よくわかる機械加工……武藤一夫著	標準 機械設計図表便覧 改新増補5版……小栗冨士雄共著
材料加工プロセス ものづくりの基礎……山口克彦他編著	配管設計ガイドブック 第2版……小栗冨士雄他共著
ナノ加工学の基礎……井原 透著	CADの基礎と演習 AutoCAD 2011を用いた2次元基本製図 赤木徹也他共著
機械・材料系のためのマイクロ・ナノ加工の原理 近藤英一著	はじめての3次元CAD SolidWorksの基礎……木村 昇著
機械技術者のための材料加工学入門……吉田総仁他著	SolidWorksで始める3次元CADによる機械設計と製図 宋 相載他著
基礎 精密測定 第3版……津村喜代治著	無人航空機入門 ドローンと安全な空社会……滝本 隆著
X線CT 産業・理工学でのトモグラフィー実践活用……戸田裕之著	